THE
WORLD
WINE
ENCYCLOPEDIA

李丽 编著

世界美酒百科全书

SPM

南方出版传媒

广东经济出版社

·广州·

图书在版编目（CIP）数据

世界美酒百科全书 / 李丽编著. —广州：广东经
济出版社，2021.7
ISBN 978-7-5454-7145-8

Ⅰ. ①世… Ⅱ. ①李… Ⅲ. ①酒－介绍－世界
Ⅳ. ① TS262

中国版本图书馆 CIP 数据核字（2019）第 285678 号

出 版 人：李　鹏
责任编辑：林跃藩　谢慧文
责任校对：李玉娴
责任技编：陆俊帆

世界美酒百科全书
SHIJIE MEIJIU BAIKE QUANSHU
李丽 编著

出　　版	广东经济出版社（广州市环市东路水荫路 11 号 11 ～ 12 楼）
发　　行	
经　　销	全国新华书店
印　　刷	恒美印务（广州）有限公司
	（广州南沙经济技术开发区环市大道南路334号）
开　　本	730 毫米 ×1020 毫米　1/16
印　　张	17.5
字　　数	329 千字
版　　次	2021 年 7 月第 1 版
印　　次	2021 年 7 月第 1 次
书　　号	ISBN 978-7-5454-7145-8
定　　价	99.00 元

图书营销中心地址：广州市环市东路水荫路 11 号 11 楼
电话：（020）87393830 邮政编码：510075
如发现印装质量问题，影响阅读，请与本社联系
广东经济出版社常年法律顾问：胡志海律师

钗头凤

——李丽．酒百合戌戌立春

北风瑟，暖香阁，

把盏交心众朋策。

经纶破，酒生色，

四海一壶，酣畅古歌。

喝，喝，喝！

梅无叶，苞含泽，

踏春寻暖得与舍。

翰林德，良才择。

天地无戈，礼乐融合，

和，和，和。

《世界美酒百科全书》"用中国标准品评世界美酒，用中国方式传播美酒文化"，这就是古老文明泱泱大国的文化自信，唯有文化自信才能解决"待小人不难于严，而难于不恶；待君子不难于恭，而难于有礼"的问题。

费孝通先生就如何处理不同文化的关系，提出了"各美其美，美人之美，美美与共，天下大同"十六字箴言，要求我们先发现自身之美，然后发现、欣赏他人之美，再相互欣赏、赞美，最后达到一致和融合。

美酒翰林院及 WL 评分体系团队经过多年的艰苦努力，已经屹立于世界葡萄酒之林，达到了费孝通先生的十六字箴言的目标。鉴于此，我推荐《世界美酒百科全书》。

广东省酒类行业协会创会会长

踏遍全球葡萄园酒庄，品写《世界百大葡萄酒庄品游及评分大全》后，美酒翰林院及 WL 评分体系团队再接再厉出版《世界美酒百科全书》，以中国标准品评世界美酒，用中国方式传播美酒文化，不忘初心，赢在坚持，立足中国，影响世界。

这是一部为全国经营者与消费者带来公平与自信的作品，它值得每一个中国葡萄酒爱好者品读和收藏。

全球侨领联合总会会长、澳大利亚太平绅士

美酒翰林院及 WL 评分体系团队用集体的思想和智慧，开启了一个世界美酒教育、培训及品评推广的崭新坐标，推动了世界美酒在中国的向前发展，提升了中国美酒在世界美酒领域的地位，为中国美酒与市场赋能！

美酒翰林院，志存高远，当凌绝顶。

《世界美酒百科全书》横空出世，值得学习、研究与收藏！

葡萄酒行业观察家、评论家、作家

美酒翰林院从世界葡萄酒的角度观察中国葡萄酒文化的发展，用心打造出《世界美酒百科全书》。此书立意新颖，用中国标准品评世界美酒，让世界不同产区葡萄酒企业关注中国的消费趋势。同时，让中国产区葡萄酒积极走向世界。愿《世界美酒百科全书》更上一层楼！

新疆芳香酒庄庄主

葡萄酒不仅是一种商品，也是一种文化，需要用更多元的方式去推广。现在，向中国推广外国葡萄酒文化的人很多，向世界推广中国葡萄酒文化的人还很少，美酒翰林院的《世界美酒百科全书》起到了很好的表率作用。

中国葡萄酒勇于创新，这本书，就是希望的载体。

宁夏西鸽酒庄庄主

起初一位台湾好友推荐《世界百大葡萄酒庄品游及评分大全》给我，作者酒百合（本名李丽）阅历丰富，熟知世界葡萄酒。新书《世界美酒百科全书》内容翔实、通俗易懂，是美酒爱好者、从业者学习了解世界美酒不可多得的工具书。

山西戎子酒庄副总经理

葡萄酒是社交型商品，是国际性饮品。在中国，我们需要培养消费群体，长期地推广和宣传酒文化知识，《世界美酒百科全书》就是最好的宝典。

甘肃红桥酒庄庄主

葡萄酒是世界交流的语言。随着中国经济的腾飞，我们不仅要读懂世界美酒，而且要让世界爱上中国酿造。美酒翰林院提出"用中国标准品评世界美酒"，李丽老师走遍世界美酒产区，用脚步见证中国葡萄酒的崛起，其专业精神可贵、可叹！

《世界美酒百科全书》，你值得拥有！

四川扎西酒庄合伙人 金世平

中国美酒市场在高速发展，很有必要出版更多有价值的、与美酒相关的作品以提升美酒行业的文化氛围。《世界美酒百科全书》被寄予厚望，将带动中国美酒文化晋升到更丰富多彩的阶层。

澳门大学品酒专业讲师 崔启荣

立春

——李丽.酒百合己亥立春

沧海一声笑，
举杯人弄潮。
四方醉眼览，
八面挹手卯。

万物皆可爻，
唯心继初诰。
探月卅万里，
丝路创鑫高。

水生木林森，
金生水烌淼。
木生火炎焱，
火生土圭垚。

浮沉天知晓，
否泰日月昭。
撇捺谱春秋，
平仄颂新谣！

自 序

　　酒逢知己千杯少！美酒是人类不可或缺的精神伴侣。品酒是一种生活方式，更是一种人生态度。

　　纵观古今中外，美酒是一种祈祷丰收吉祥和祝愿健康长寿的工具，可以鼓舞斗志、激发灵感、延年益寿。美酒体现的是品酒人的气魄、品格、知识和素养。

　　《汉书》记载："酒者，天之美禄，帝王所以颐养天下，享祀祈福，扶衰养疾，百礼之会，非酒不行。"

　　庄子说："饮酒则欢乐。"

　　李时珍说："（酒）主行药势，杀百邪恶毒气，通血脉，厚肠胃，润皮肤，散湿气，消忧发怒，宣言畅意，养脾气，扶肝，除风下气。"

　　苏格拉底说："葡萄酒能抚慰人的情绪，让人忘记烦恼，使人恢复生气，重燃生命之火。"

　　路易斯·巴斯德说："一瓶葡萄酒所蕴含的哲理，胜于所有书籍。"

　　美酒翰林院作者团队来自全球各地，有从业30年的资深行尊，有留学归国的学子，有国内院校的专家，还有在田间地头劳作的实干工匠。

　　我们亲访了全球30个国家的美酒产区，品尝了超过5 000家酒庄的各种美酒。

　　一路求真知，一起享生活。

本书主要介绍世界美酒的文化知识，以葡萄酒为主，涵盖果酒、啤酒、黄酒、白酒、毡酒、威士忌、白兰地、伏特加、朗姆酒、龙舌兰酒等。本书共分为十一篇，分别是历史人文篇、趣闻逸事篇、品味鉴赏篇、宴会礼仪篇、饮食生活篇、名酒投资收藏篇、古今酒类篇、酒杯酒具篇、产区等级篇、全球酒展篇、品评体系篇，让读者可以从国际视野更真实地了解中华上下五千年美酒文化的来龙去脉。

快翻开本书，让我们一起探索古今中外的美酒世界！

李丽

2021.02.10

目　录

1　历史人文篇

2　趣闻逸事篇

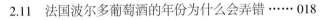

3　品味鉴赏篇

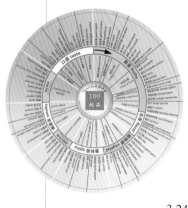

4 宴会礼仪篇

5 饮食生活篇

6 名酒投资收藏篇

7 古今酒类篇

8 酒杯酒具篇

9　产区等级篇

10　全球酒展篇

11 品评体系篇

1 历史人文篇

🎡 1.1 最古老的酒起源于中国

证据表明，地球上最古老的酒起源于中国河南舞阳的贾湖。

美国宾夕法尼亚大学的帕特里克·麦戈文（Patrick McGovern）教授与中国科技大学博士生导师、贾湖遗址主要发掘者张居中教授，经过长期的研究，最终确定贾湖遗址（河南舞阳）出土的陶器内壁上的沉淀物中含有大米、蜂蜜、葡萄、山楂等成分。结合其他酿酒痕迹，科学家认为，在新石器时代前期的公元前 7000 年左右，中国人就已经开始酿造和饮用发酵酒了。

而距今 4 800 年左右的两城镇遗址（山东日照），表明当时的社会生产力已相当发达，且有更确切的使用野葡萄混合酿酒的证据，有理有据地反驳了葡萄酒是舶来品的观点。

🎡 1.2 中国是世界上葡萄的起源中心吗

从植物分类学上说，葡萄属于葡萄科葡萄属葡萄亚属，再分为三个种群：欧洲种群、东亚种群和美洲种群。其中东亚种群品种最多，主要分布在中国。原产于中国的葡萄属植物有 30 多种 (含变种)，包括山葡萄、刺葡萄、毛葡萄等。

1987 年，我国著名考古学家吕遵谔先生对湖南省怀化市中方县荆坪新元遗址进行考查，发现远在 10 万～ 20 万年前的旧石器时代，这里就有古人类活动的印迹，因此认定此处为旧石器遗址。考古发现，早在 4 万～ 5 万年前，这里就有野生刺葡萄的存在。

1.3 是谁最早把欧亚葡萄引进中国的

汉武帝建元年间（公元前 140—前 135 年），张骞奉命出使西域，从大宛带来了我国现在栽培的欧亚葡萄。

大宛，古西域国名，在今天的乌兹别克斯坦共和国费尔干纳盆地。据说大宛以葡萄酿酒，富人藏酒至万余石，久者数十岁不败。俗嗜酒，马嗜苜蓿。张骞将西域的葡萄及酿造葡萄酒的技术引进中原，促进了中原地区相关产业的发展。

1.4 东汉时期的中国葡萄酒很珍贵吗

早在西汉时期，汉武帝就招徕酿酒专家，引进酿酒技术，酿出了味道醇厚的葡萄美酒。至东汉时期，西域的葡萄已经开始在中原大范围推广种植。

苏轼的诗句"将军百战竟不侯，伯郎一斛得凉州"，就是说孟佗用 1 斛葡萄酒（1 斛为 10 斗，1 斗为 10 升，当时的 1 升为 200mL，1 斛葡萄酒约等于现在 26 瓶 750mL 的葡萄酒），换得凉州刺史高位。

🎊 1.5 唐朝的酒文化如何辉煌

唐太宗爱酒，他不仅在皇宫御苑里大种葡萄，还亲自参与葡萄酒的酿制。宰相魏征也喜欢酿酒，魏征酿的"醽醁"和"翠涛"两种葡萄酒，唐太宗非常赏识，特地写了《赐魏征诗》加以赞美："醽醁胜兰生，翠涛过玉薤。千日醉不醒，十年味不败。"

《开元天宝遗事》收录的宋代乐史《杨太真外传》卷上载：开元间，唐玄宗与杨贵妃在兴庆宫赏牡丹花，令李白新撰《清平乐词》三首，由李龟年歌唱，梨园弟子奏乐舞蹈。杨贵妃"持玻璃七宝杯，酌西凉州葡萄酒，笑领歌，意甚厚"。

盛唐时，社会安定，林茂粮丰，羊肥马壮，处处美酒飘香。

🎊 1.6 宋朝流行喝什么酒

宋朝实行官卖酒曲的政策，民间只要向官府买曲，就可以自行酿酒。因此京城里酒店林立，酒店按规模可分为数等，酒楼的等级最高，宾客可在其中饮酒作乐。张能臣的《酒名记》中记录了 200 多种酒，有羊白酒、地黄酒、菊花酒、葡萄酒等品类。

南宋同期的金国文学家元好问在《蒲桃酒赋》中提道：山西安邑多葡萄，但大家都不知道酿造葡萄酒的方法。有人把葡萄和米混合加曲酿造，虽能酿成酒，但没有古人说的葡萄酒"甘而不饴，冷而不寒"的风味；贞祐年间（1213—1217 年），一户人家躲避强盗后从山里回家，发现竹器里放的葡萄浆果都已干枯，盛葡萄的竹器正好放在一个腹大口小的陶罐上，葡萄汁流进陶罐里。他们闻到陶罐里酒香扑鼻，拿来饮用，发现竟然是天然酿成的葡萄美酒。

1.7 元朝的酒文化如何

元朝（1271—1368 年）的酒，分为马奶酒、果料酒和粮食酒三类。成吉思汗建国后，中亚畏兀儿（新疆维吾尔族的祖先）首先归附，其下辖的哈剌火州（今新疆吐鲁番）和别失八里（今新疆吉木萨尔）都是盛产葡萄酒的地方。

《马可·波罗游记》写道："在山西太原府，那里有许多好葡萄园，酿造很多的葡萄酒，贩运到各地去销售。"书中还提道："过了这座桥（指北京的卢沟桥），西行四十八公里，经过一个地方，那里遍地葡萄园，肥沃富饶的土地上，壮丽的建筑物鳞次栉比。"

元代蒙古族营养学家忽思慧，曾任宫中的饮膳太医，管理宫廷的饮膳烹调，他在《饮膳正要》一书中说道："葡萄酒运气行滞使百脉流畅。"

1.8 明朝的酒文化如何

明朝（1368—1644 年）是中国酿酒业大发展的时期，品种、产量都有飞跃。《明史·食货志》记载，酒按"凡商税，三十而取一"的标准征税。这样，极大地促进了蒸馏酒和绍兴黄酒的发展。而相比之下，葡萄酒则失去了优惠政策的扶持，风光不再。

1.9 清朝的酒文化如何

清朝（1636—1912 年），来自寒冷地区的满族人爱喝高度数的烧酒，白酒自然成了盛行之物。

清朝后期，中国从封建社会转变成半殖民地半封建社会，越来越多的殖民者进入中国，进口葡萄酒也随着殖民者来到中国市场。

清光绪十八年（1892 年），华侨张弼士于山东烟台创办了张裕酿酒公司，先后从意大利、法国等国家引进葡萄品种，也为中国带来了现代酿酒技术。

 ## 1.10 中国的白兰地是从什么时候开始酿造的

白兰地在我国历史悠久，著名的专门研究中国科学史的英国李约瑟（Joseph Needham）博士曾发表文章——《白兰地当首创于中国》论证此事。

《太平御览》记载，唐太宗参与酿制的葡萄酒"凡有八色，芳辛酷烈"，明显说的是葡萄蒸馏酒的风味。

《本草纲目》中提到的唐朝葡萄烧酒就是早期的白兰地。

 ## 1.11 中国白酒是从什么时候开始酿造的

唐朝收复西域高昌，得到葡萄酒的蒸馏技术，开启了中国酿造白酒的篇章。

1975 年 12 月，考古人员在河北省秦皇岛市青龙县南开河道中发现一套金代青铜烧酒锅。在金代文化层的一个竖式圆窖里还发现北宋以及辽、金共 25 种不同年号的铜钱。其中年代最久的是金世宗大定年间（1161—1189 年）铸造的"大定通宝"，因此，可判定这套烧酒锅是金代器物，距今已有 800 多年。

元代著名画家、诗人朱德润在《轧赖机酒赋》中对蒸馏酒的设备和工艺进行了生动的描写，说明白酒的酿造在元朝已经盛行。

800 多年来，白酒、黄酒、果酒、葡萄酒、药酒五类酒竞相发展，极大地丰富了中国人民的饮食生活。

1.12 8 000 年前的格鲁吉亚有葡萄酒吗

考古学家从格鲁吉亚的出土文物中，发现了 8 000 年前的葡萄籽，是目前发现的最早人工栽种的葡萄籽（酿酒葡萄的变种 Vitis Sativa）。

美国宾夕法尼亚大学帕特里克·麦戈文教授领导的国际研究小组，专门收集分析了格鲁吉亚古代陶器碎片上发现的有机化合物。这些古代陶器碎片与葡萄酒中的酒石酸、苹果酸、丁二酸和柠檬酸接触过，留下了痕迹。这些古代陶器碎片距今已有 8 000 多年了，在发掘出的陶罐表面还有葡萄串和古人起舞的图案。此外，他们还发现了葡萄花粉、淀粉，以及喜欢盘旋在葡萄酒周围的古代果蝇的残骸。

格鲁吉亚首都博物馆现收藏有土制的基弗利酒罐，考古学家推定其为公元前6000—前5000 年的文物，矮胖的外形与希腊的皮托斯或罗马的多利姆较为相似，不同于现代细长的双耳基弗利。

 1.13 伊朗（古波斯）发现的最早的葡萄酒距今有多少年

1976 年，在伊朗西南部扎格罗斯山北部一个新石器时代遗址里，出土了 6 罐葡萄酒残留物。科学家们在罐子的残留物中发现了酒石酸的钙盐，这种物质只会大量存在于葡萄和松树脂中。这些罐子每个都可以容纳 9L 葡萄酒，其历史长达 7 000 年。

1.14 古埃及的葡萄酒文化如何

在发掘的埃及古墓群中，考古学家发现一种底部小圆、肚粗圆、上部颈口大的土陶罐，内有残留酒液。经考证，该陶罐是古埃及人用来装葡萄酒的器皿，至今已有 5 000 年历史。金字塔内壁上，还描绘有古埃及人栽培、采收葡萄，酿葡萄酒和饮用葡萄酒的情景。

公元前 1500 年成书的《埃伯斯纸草》中记载埃及人通过饮用葡萄酒强身健体。同期的《赫斯特纸草》中，有 12 个药方涉及葡萄酒。

1.15 葡萄酒是怎么流传到全球的

葡萄的栽培和葡萄酒的酿造，起源于中国、格鲁吉亚、伊朗等地。后来随着战争、移民传到其他地区。初至埃及，后到希腊。

公元前 1200 年	腓尼基人的航海和贸易活动，将葡萄酒文明传至地中海沿岸，继而传至西欧。
公元前 800 年	古希腊崛起，葡萄酒文明扩展到意大利的西西里（Sicilia）岛和普利亚（Puglia）。
公元前 146 年	古罗马扩张疆土，今法国、西班牙、葡萄牙、德国及北非开始种植葡萄。
公元 380 年	罗马接受了天主教，葡萄酒随宗教发展传播和盛行。
公元 1492 年	哥伦布发现新大陆，西班牙舰队把葡萄和葡萄酒带到了今墨西哥、秘鲁、智利等国。

在历史的发展进程中，每个新种植葡萄的产区，其间葡萄都逐渐变异以适应当地独特的环境。数千年来这种缓慢的变异造就了如今 8 000 多种已经被识别的酿酒葡萄品种。

1.16 传说中古代有哪些酒神

古埃及的酒神叫奥西里斯，他教会埃及人耕种，采摘果子，种植大麦，酿制美酒。

古希腊的酒神叫狄俄尼索斯，他掌管酿酒和艺术。早在公元前 7 世纪，古希腊就有了"酒神节"，人们为祭拜酒神而即兴吟唱诗歌，这些诗歌被称为"酒神赞歌"。

古罗马的文明和宗教都源于古希腊，只是酒神改了名字：巴克斯。古罗马也有为酒神举行的"酒神节"，巴克斯同时也是狂欢与放荡之神。

1.17 古巴比伦《汉谟拉比法典》和酒有关吗

古巴比伦王国是世界四大文明古国之一，也是酒的发源地之一。

约公元前 1792—前 1750 年，古巴比伦颁布了《汉谟拉比法典》。这部法典被刻在马尔杜克神庙内的一根石柱上，是现存最早的成文法典。法典里有 282 条法律条文，内容包括经济法、家庭法、刑法和民法等。其中就有 4 条法律是关于酒的买卖以及饮酒的。

 1.18 什么是蔻修葡萄酒

"蔻修（Kosher）葡萄酒"有其内部的认证标准。

"蔻修"一词来源于 Kashrut，在希伯来语中有"合适""正确""清洁"的意思。根据相关规定，"蔻修葡萄酒"酿造的全过程必须由专门的拉比监督，并在酒标上签名确认。

经典巨著《塔木德》中，就有教导人们如何善用美酒的描写："适量饮酒有很多好处，可以使身体保持健康，还能预防多种疾病。但是很多人不知道何为适量，他们只图一醉。少量饮酒有益，然而，必得食消后才饮。儿童不宜近酒，因为酒会使他们既伤身又伤神。人年纪越大，饮适量的酒越有益，老人最需要酒。"它把葡萄酒看成一种养生良药。

1.19 古希腊的酿酒技术如何

古希腊关于葡萄酒的最早记载是《荷马史诗》。诗中奥德修斯把"蜜甜的红葡萄酒"作为餐前饮料献给了独眼巨人，巨人喝醉，奥德修斯得以战胜巨人。

希腊底比斯境内的古墓中出土了大量关于酿酒的文献，专家发现，公元前 1500 年，古希腊已经有澄清技术。古希腊人把采摘下来的果实放入桶中，光脚踩踏，压碎葡萄。用这种方法加工葡萄原料，既可以不伤及葡萄籽，减少苦味，又可以使葡萄酒不再是浑浊不堪的稠浆状，而是变得透明澄清。

❂ 1.20 "古希腊三贤"是怎样评价葡萄酒的

苏格拉底（公元前 469—前 399 年）和他的学生柏拉图，以及柏拉图的学生亚里士多德并称为"古希腊三贤"，他们是西方哲学的奠基者。

苏格拉底对葡萄酒的评价是："葡萄酒能滋润抚慰心灵，平缓抑郁，使人得到解脱，重拾欢乐，再次点燃暮岁的生命之火；只要少量浅酌，它就像甘甜的朝露充盈肺腑……不会夺走理智，只会带来宜人的喜乐。"

柏拉图所著的《会饮篇》，记录了老师苏格拉底最爱在酒会中借助葡萄酒和与会者一起探讨知识和哲学问题。

柏拉图和亚里士多德都曾提到酒的四种基本味道：甜、咸、酸、苦。

❂ 1.21 是古罗马人开启了第一个葡萄酒的年份酒吗

公元前 215—前 168 年，通过三次马其顿战争，古罗马人控制了整个古希腊地区，成为地中海地区的霸主。面对古希腊文明，古罗马人表现出了极大的崇拜，除了继续使用原有的拉丁语以外，他们几乎全盘吸收了古希腊文明，从而使古罗马文明成为古希腊文明的一个延续。

古罗马人在不断提高葡萄酒酿酒技术的同时，还发现收成是被天气左右的，公元前 121 年绝佳的"欧皮米安"（Opimian，取自当年执政官之名），产自法勒纳姆，是全世界第一瓶具有"年份"概念的葡萄酒。

❂ 1.22 是古罗马人发明了用木桶储存葡萄酒的方法吗

公元前 50 年左右，居住在高卢北边的原住民凯尔特人喜欢喝啤酒。古罗马人征服高卢后，古罗马人不经意地把葡萄酒储存在凯尔特人的啤酒桶里，结果发现，啤酒桶中的葡萄酒味道变得更加醇厚，而且能滚动的啤酒桶比陶罐好用得多！

🌀 1.23 古罗马人是如何将葡萄酒作为学科研究的

　　古罗马著名政客小加图的祖父老加图编纂了《农业志》，其中有当时的人酿造葡萄酒的详细记录，为研究古罗马葡萄酒作出了贡献。古罗马著名学者瓦罗在其晚年受到屋大维的保护和资助，完成了《论农业》一书，里面详细探讨了不同土壤和栽培技术对于葡萄品质的影响，还有不同季节葡萄园的工作分配等问题。另一位古罗马学者科路美拉在其著作《农业论》中对葡萄的栽培、葡萄酒的酿造技术以及这中间种种环节的成本问题进行了明确阐述。

　　古罗马医生盖伦（129—199 年），是古罗马皇帝马可·奥勒留的私人医生，主要的职责之一就是保护皇室成员免于中毒。他曾用葡萄酒和药物调制综合蜜汁，还写下了《解毒剂》一书，其中介绍了当时所饮的各种酒类，包括如何品酒、储存。这一时期，古罗马人不再钟情于浓腻的甜酒，而是喜欢上不甜、低酒精度的"原味"酒。

🌀 1.24 法国历史上最早的葡萄种植地在哪里

　　公元前 600 年，来自小亚细亚的福西亚人建立了马赛利亚（马赛）殖民地，那时的葡萄酒是从希腊或意大利南部进口的。

　　公元前 125 年，马赛并入罗马共和国。古罗马人在法兰西奥德河附近建立了殖民地，设首府为纳尔榜，建城的古罗马军人模仿家乡，开始在纳尔榜的斜坡上种植葡萄，这就是今天的朗格多克产区。

1.25 法国波尔多的葡萄酒产业因何而起

波尔多（Bordeaux）位于加龙河和多尔多涅河交汇点，河水冲刷出砾石堤岸，堤岸外就是沼泽和冲积平原，具有防洪作用，是理想的港口。公元前 1 世纪，波尔多港聚集着来自爱尔兰、英国、荷兰的中转贸易商。当时波尔多并不生产葡萄酒，而朗格多克出产的葡萄酒要借道波尔多才能运走，这加大了运输费用和风险。

公元前 1 世纪，古罗马地理学家斯特拉博来到波尔多，开始改造波尔多寸草不生的砾石土壤地质，用于种植葡萄。不久，格拉芙（Graves）以南变成了主要的葡萄酒产区，加龙河和多尔多涅河"两海之间"与布拉伊河口也到处都是葡萄园。而波尔多得天独厚的地理位置，使得该产区的葡萄酒总是最早上船出售。

1154 年，波尔多成为英格兰领地。英格兰国王理查一世继位后，将波尔多葡萄酒选为皇室用酒。

13 世纪中叶，英格兰皇室用酒大多来自波尔多，波尔多土地的价格因此大涨，交易最兴盛的时候，波尔多每年销往英格兰的葡萄酒高达 8 万多吨。

1.26 荷兰人对波尔多作了什么贡献

1635 年，荷法两国缔结邦交。土地的贫瘠让荷兰不宜产酒，巨大的需求使得善于经商的荷兰人逐渐主导了波尔多酒的市场走向，当时售价最高的就是荷兰人喜欢的苏玳甜酒。荷兰是当时的海上霸主，而葡萄酒是长途航行的必需品，由于葡萄酒保存时间较短，荷兰商人想出了一个办法，用硫黄熏过的木桶来保存葡萄酒，以延长酒的保质期。

17 世纪以前，波尔多梅多克（Medoc）地区还是一片沼泽。荷兰人用干燥器排出了沼泽地的水，使梅多克成了肥沃的土地，如今位于吉伦特河左岸的拉菲、拉图、玛歌、木桐等酒庄才得以出现。

◎ 1.27 法国勃艮第如何打造酒文化

据说，中世纪西多会（Cistercians）的修士们为了寻找合适的葡萄种植园，经常用舌头去品尝泥土与碎石，通过与大地的直接交流，寻觅优质风土。勃艮第（Bourgogne）夜丘（Cote de Nuits）产区最大的伏旧园特级园 Clos de Vougeot，就是 1336 年被西多会教士开垦出来的。

为了将勃艮第葡萄酒推广到整个欧洲，当权者大力支持勃艮第葡萄酒的商业化并维护勃艮第葡萄酒在法国的声誉。

14—15 世纪，勃艮第的贵族们联合形成了极具当地特色的文化。从第戎到博恩，城堡和旅馆的彩色屋顶上都绘制着各具特色的葡萄园标志。

15 世纪勃艮第公爵菲利普三世和其夫人建造的博恩慈济院如今已成为一个博物馆，而慈济传统则保留了下来。自 1059 年以来，每年 11 月的第三个星期天，勃艮第都会举行盛大的拍卖活动，勃艮第的葡萄酒生产商会捐出整桶的美酒，用于慈善事业。而由此衍生出来的美酒、美食文化活动，每年会在博恩持续三天。

1.28 德国葡萄酒产地是从什么时候开始建立的

德国种植葡萄的历史可追溯到公元前 1 世纪，古罗马殖民者带去了葡萄树及栽培、酿酒技术。650—850 年，日耳曼的葡萄酒产地陆续建立起来。

查理曼大帝统治期间，政府和教会结盟，免除了教会所有农产品的税收。所以教会鼓动农民大量栽种葡萄树，葡萄栽种地从莱茵河流域，向东延伸至法兰克尼亚、向西延伸至阿尔萨斯（Alsace）、向南延伸至奥地利和瑞士。12—13 世纪，德国成为全球葡萄酒产量最大的国家。

1.29 西班牙葡萄酒产业是怎样发展起来的

公元前 1100 年，腓尼基人就创建了西班牙南部海港城市——加的斯，并沿着埃布罗河，把酿酒技术推广到现在里奥哈（Rioja）的阿法罗。

公元前 200 年，古罗马征服西班牙地区，伊比利亚半岛成为农业重地，盛产葡萄酒、橄榄油及各种粮食。

1868 年，法国葡萄园遭受根瘤蚜灾害，许多波尔多的酿酒师来到里奥哈发展，促进了当地酿酒技术的发展，西班牙的葡萄酒业开始腾飞。

1.30 匈牙利是贵腐酒的原产地吗

1650 年，土耳其军队入侵匈牙利，当时正值葡萄收获季节。当年的葡萄采收不得不延迟到 11 月。因水分收缩，葡萄已经干蔫，表皮变薄发皱，并泛起一层霉菌。由于物质短缺，人们无奈之下继续酿造葡萄酒，没想到甘醇的贵腐酒就此诞生。

匈牙利是典型的大陆性气候，夏季酷热，冬季严寒，四季分明。在匈牙利的秋季，天空经常会被阴霾笼罩，这种气候有利于贵腐菌的生长。因此，匈牙利成为贵腐酒的原产地，是偶然也是必然。

2 趣闻逸事篇

🌐 2.1 全世界最干旱的葡萄园在哪里

位于埃及开罗附近沙漠中的撒哈拉葡萄园（Sahara Vineyards），属于卡里家族（Karim Hwaidak），面积 600 英亩（1 英亩合 4 046.7 平方米），共种植 30 种不同品种的葡萄树。该葡萄园面临很多挑战：昼夜温差太大，全年几乎没有降雨，完全依靠人工灌溉。由于种植葡萄树的沙砾土过于贫瘠，卡里家族不得不在每英亩土地上使用 30t 堆肥，以给葡萄树提供必要的营养成分。

而土耳其最著名的旅游景点之一——被火山岩环绕的卡帕多西亚（Cappadocia），也种植着公牛眼等本土品种葡萄树。该地区由于独特的喀斯特地貌与月球表面极其类似，被称为"地球上最像月球的地方"，是电影《星球大战》的拍摄地。种植葡萄树的火山熔岩地区由于土质松软，加上天气极其干燥，葡萄树的根部只能实施埋土计划，以最大限度地防止葡萄树的水分流失。

2.2 全世界最危险的葡萄园在哪里

叙利亚芭吉露葡萄园（Domaine de Bargylus）和黎巴嫩玛雅斯葡萄园（Chateau Marsyas），由于接近多个战争区，其葡萄酒生产受到了巨大的挑战。比如，2015 年 8 月，在采收时间的 2 周前，就有一场战斗发生在距离芭吉露葡萄园 500m 的地方，给酒厂留下了几个触目惊心的弹孔。至于玛雅斯葡萄园，随着动乱不断蔓延到边境地带，其被媒体称为"无人区""极度危险的地方"等。这两个地区生产出的葡萄酒，因为其特殊性，在伦敦交易所的销量一直在上涨。黎巴嫩的葡萄酒产业发展尤其迅猛，葡萄酒厂从 2000 年的 14 家发展到现在的 50 家。

2.3 全世界最有音乐氛围的葡萄园是哪个

奥地利首都维也纳被誉为"音乐之都"，在维也纳的市中心，葡萄园的占地面积超过 7km²，维也纳是世界上唯一在城区范围内种植了大量葡萄树的大都市。这些葡萄园与维也纳市区景观融为一体，是维也纳城市风光中一道亮丽的风景线。其中，维也纳环形路附近的黑色广场 5 号，有一个维也纳最小的葡萄园，仅 50m²，所产出的葡萄和其他园区的葡萄一起酿制成维也纳的特色酒"维也纳混合葡萄酒"（Wiener Gemischter Satz）。

2.4 全世界海拔最低的葡萄园是哪个

歌曲《吐鲁番的葡萄熟了》在我国家喻户晓,吐鲁番在维语里就是"低地"的意思,吐鲁番大部分地区海拔在500 m以下,是全世界海拔最低的盆地之一。据史料记载,吐鲁番盆地的葡萄园已经有2 000年的历史了。清朝著名诗人肖雄曾赋诗:"苍藤蔓架覆檐前,满缀明珠络索圆。赛过荔枝三百颗,大宛风味汉家烟。"诗中的"络索"即指葡萄。肖雄还在诗注中解释:"有数种,一为白葡萄,即汉时所进之绿葡萄也……其甜足倍于蜜,无核而多肉。"

2.5 全世界海拔最高的葡萄园是哪个

在南美阿根廷境内安第斯山脉的上卡察基谷(Upper Calchaquí Valley),有一个科罗美葡萄园(Bodega Colomé),曾经是世界上海拔最高的葡萄园,它由4块海拔1 750～3 111m的园地组成。每天,科罗美葡萄园的昼夜温差高达20℃,给葡萄树种植带来很大的挑战。

在中国四川,据史料记载,100多年前就有法国传教士试种酿酒葡萄并获得成功。现在,阿坝州在小金、金川、马尔康和黑水等地都建有葡萄种植园,海拔2 300～3 300m,被誉为"离太阳最近的葡萄园"。

2020年6月22日,西藏成功红天麓酒庄灌装仪式正式启动,标志着世界上海拔最高的酒庄(海拔3 911m)正式投产运营。

🌀 2.6 全世界纬度最高的葡萄园在哪里

在瑞典斯德哥尔摩（Stockholm）以西 100 km 处，北纬 59°，有着世界上最靠北的天然葡萄园——布拉塔葡萄园（Blaxta Vineyard），此处夏季平均气温为 18℃，冬季平均气温为 −3℃。在这里种植葡萄树当然极具挑战性，因此这座葡萄园的生存状态令人瞩目。该葡萄园的种植面积将近 3 公顷，种植的品种包括威代尔（Vidal）、霞多丽（Chardonnay）、美乐（Merlot）和品丽珠（Cabernet Franc），其葡萄酒酿造在一座建于 17 世纪的谷仓和一座建于 16 世纪的酒窖里进行。

不过，1/3 国土在北极圈内的芬兰，其西南端的奥尔基洛托岛（Olkiluoto Island）上，有着全世界纬度最高（北纬 65°）的非天然葡萄园。此处的葡萄树能在北极圈内扎根生长，完全归功于核能。奥尔基洛托核电站大部分处理过的

全世界纬度最高的天然葡萄园：瑞典布拉塔葡萄园

核废水都被排入波罗的海（Baltic Sea），而剩下的一小部分则用来加热葡萄园的土壤。奥尔基洛托 3 号核电站是世界上第一个采用 EPR 技术建造的核电项目，于 2005 年开工建设，2018 年投入运营。关于在那里生长的北欧品种奇佳葡萄（Zilga）具有放射性一说，目前尚未发现任何证据。

🌀 2.7 全世界最热的葡萄园在哪里

泰国暹罗葡萄园（Siam Winery）是全世界最热的葡萄园之一，它位于昭披耶河三角洲（Chao Phraya Delta）地区，曼谷（Bangkok）西南部 60 km 处，年最低温度 18℃，最高温度 43℃。葡萄园里的葡萄树，由不同水道分隔开来，这使得它成为世界上最不同寻常的葡萄园之一。无疑，这些水道可以给葡萄树提供足够的水分，同时防止葡萄树被高温烤干。

无独有偶，印度尼西亚的巴厘岛也有葡萄园，种植本土品种的葡萄树。由于天气太热，这里的葡萄糖度很高，酿出的葡萄酒通常也非常甜。在巴厘岛的北端，有 35 公顷的葡萄园就种在肥沃的火山泥之中，这里一年可以收 3 季果实，每 100 ~ 110 天就有一次大丰收，所以 5 年的葡萄树，看上去和法国波尔多地区 15 年的葡萄树一样粗。

◎ 2.8 1986 年意大利巴罗洛甲醇事件究竟是怎么回事

如今意大利的 ABBBC 顶级产区声名鹊起，回想当年，有"酒中之王，王者之酒"之称的巴罗洛也是经历了几番风雨。1986 年，一些无良酒庄通过添加甲醇来提高酒精度，结果引发了 23 人死亡，数人失明的惨案，消费者谈"皮尔蒙特（Piemonte）"色变，葡萄酒市场一度萎靡。幸好，巴罗洛的有志酿酒师痛定思痛，共同努力，才逐步实现了现在巴罗洛美酒品质和品牌的双丰收。

◎ 2.9 奥地利在葡萄酒中添加防冻剂

或许你听过在葡萄酒中添加酒精、糖，但你听过在葡萄酒中添加防冻剂吗？防冻剂虽不会立即致命，但也会对人体造成伤害。1985 年，奥地利有一些酒庄被爆出为增加口感的甜度，在出口产品中添加防冻剂。

在葡萄酒中添加防冻剂事件被报道后，奥地利葡萄酒年销量从 4 500 万升陡降到 400 万升，并被多个国家抵制，奥地利葡萄酒的声誉受到严重影响。直至 2003 年，奥地利采用全新的 DAC 法定产区体系，才逐渐扳回局面。

◎ 2.10 在美国，为什么"黑皮诺"不是"黑皮诺"

2004 年的电影《杯酒人生》让黑皮诺（Pinot Noir）在美国大火，美国伽罗公司为迎合市场的消费热潮，在红色自行车葡萄酒的标签上标明该酒由黑皮诺酿造，法国 SA 公司出口。从 2006 年 1 月到 2008 年 3 月，该品牌在美国市场上销售了 180 万瓶！法国官方经过调查，发现这款酒主要以美乐、西拉（Syrah）等葡萄为原料，根本不含黑皮诺。

◎ 2.11 法国波尔多葡萄酒的年份为什么会弄错

2018 年，波尔多 GVG 集团受到官方处罚，原因是其勾兑灌装不同酒庄、不同年份的 AOC 葡萄酒。调查人员发现，该集团旗下的另一家酒厂 BM 有 20 万升葡萄酒不知去向，而 GVG 集团的销售数据则多出了 20 万升葡萄酒，因而引起注意。GVG 集团把朗格多克产区与波尔多产区的葡萄酒勾兑在一起，又把 2011 年的波尔多 AOC 葡萄酒标注为 2012 年出售。

◎ 2.12 赵匡胤杯酒释兵权

中国历史上有两次著名的酒局，均是宋朝开国皇帝赵匡胤组织的。

961 年，赵匡胤想解除部分大将的兵权，于是安排了一次酒局，邀请禁军将领石守信、王审琦等饮酒。酒席上赵匡胤不停地唉声叹气。众人一再追问，原来皇帝担心他们手握重兵日后会造反，于是第二天众将领全部辞官告老还乡。

969 年，赵匡胤又邀请节度使王彦超等宴饮，解除了他们的藩镇兵权。从而确立了宋朝数百年"与士大夫共治天下"的管理体制。

2.13 雍正讨酒的故事

雍正皇帝政务繁忙在历史上是出了名的，比起他儿子乾隆皇帝的六下江南，雍正皇帝实在"宅"得可怜，好在有酒缓解压力。

据记载，雍正皇帝非常喜欢喝宁夏产的一种羊羔酒。雍正元年（1723）四月十八日的奏折中，雍正皇帝御笔亲写字条与远抚大将军、川陕总督年羹尧，条曰："在宁夏灵州出一羊羔酒，当年进过，有二十年宁夏不进了，朕甚爱饮，寻些来，不必多进，不足用时再发旨意，不要过百瓶，密谕。"

2.14 拿破仑授权的酒标

拿破仑在勃艮第服役时，和一位姑娘相恋，离开时留给她一枚戒指作为信物，约定退役后就来娶她。10 多年后，当姑娘得知拿破仑已经加冕为王，还亲手给王后戴上后冠的消息时，并没有寻死觅活，而是修书一封："你还记得勃艮第酒馆里的那个姑娘吗？你已经有王后，我们的婚约已无可能，这样吧，你批准我外公家的酒标上标注你的名字，以慰相思。"

拿破仑同意了，出于愧疚，他还随信附上一张自己站在橡木桶旁品酒的画像，供酒庄使用。这家杜福尔酒庄，是唯一被拿破仑本人授权使用画像作为酒标的酒庄。

2.15 丘吉尔：没钱可以，没香槟不行

"二战"时，丘吉尔发表战前动员演讲："绅士们，请记住，我们不仅是为了法国而战，更是为了香槟（Champagne）而战！"

丘吉尔出身贵族，但家境并不富裕，靠写作维持生计。丘吉尔爱喝香槟，当上财务大臣后，工资的一半都花在了买酒上，做了首相之后更是变本加厉，经常借钱买酒，气得妻子在其书桌上留下"不许再买香槟"的字条，但丘吉尔依然故我，还把妻子的话用作自己的书名。好在丘吉尔文笔不错，经常通过写稿的方式来赚钱买酒喝。

丘吉尔其实也爱喝中国白酒

2.16 尼克松：依照法律，不能喝波尔多

多数美国总统都好酒，尼克松也如此，而且他好喝独酒。美国前总统林登·贝恩斯·约翰逊曾颁布法令：白宫宴会只允许喝美国本土葡萄酒。这一法令，更是助长了尼克松喝独酒的"气焰"。

每次白宫举行宴会时，大家喝的都是美国酒，尼克松却偷偷嘱咐侍者给自己准备波尔多名庄的酒，为了防止被发现，倒酒时还用白毛巾捂住酒标。据说尼克松屡试不爽，在宴会上把拉菲、拉图、奥颂、白马……喝了个遍。也许，这就是盲品的由来？

2.17 1855 年的波尔多列级庄评选

众所周知，酒类收藏有巨大的升值空间，而"世界百大"和"列级名庄"又是收藏者们的首选。世界列级名庄的称号源于 1855 年在法国巴黎召开的第二届世界博览会。当年，拿破仑三世命令波尔多酒商协会做出一份榜单，选出波尔多最好的葡萄酒和酒庄，以便把波尔多葡萄酒推向世界。波尔多酒商协会对当时左岸梅多克的酒庄，从实力、民间口碑、销售价格等多方面进行评价，将 58 个酒庄，分为 4 个一级，12 个二级，14 个三级，11 个四级和 17 个五级。其中一级酒庄为拉菲（Lafite-Rothschild）、拉图（Latour）、玛歌（Margaux）和红颜容（Haut-Brion）。

在苏玳和巴萨克贵腐甜白产区分级中产生了 12 家列级庄，包括 1 个超一级酒庄，滴金酒庄（Chateau d'Yquem）；11 个一级酒庄，唯侬酒庄（Chateau de Rayne-Vigneau）、拉菲莱斯古堡酒庄（Chateau Rieussec）、拉图白塔酒庄（Chateau La Tour-

Blanche）、芝路酒庄（Chateau Guiraud）等。

百余年之后，有很多业内专家呼吁重新修订该榜单。1973 年，法国总统蓬皮杜批准木桐酒庄从二级酒庄晋升为一级酒庄，同时规定无论酒庄是否更名、易主、分割、合并，均保持最初评定的等级。此时梅多克的列级酒庄已经增加到 61 个，其中一级列级酒庄 5 个，二级列级酒庄 14 个，三级列级酒庄 14 个，四级列级酒庄 10 个，五级列级酒庄 18 个。

2.18 1976 年的"巴黎审判"以及相关影响

1976 年，英国酒商史蒂芬·斯伯瑞尔和美国拍档帕特丽夏·加拉赫策划了一场美国酒和法国酒的盲品活动。活动邀请了 9 位评审，都是法国酒界有名的人物，包括法国原产地命名管理局 INAO 首席监察官皮埃尔·布瑞久克斯、罗曼尼·康帝酒庄首席酿酒师奥伯特德维兰等。酒会品评了来自法国的 8 款名庄葡萄酒（4 白 4 红）和来自美国的 12 款寂寂无闻的葡萄酒（6 白 6 红），结果是美国酒在白红两组对抗中双双胜出。这个事件奠定了美国酒的地位，开创了世界美酒的新纪元，史称"巴黎审判"。

当时唯一在场的《时代》（TIME）记者乔治·泰伯，负责记录现场情况，事后发表了报道，并于 2003 年出版了相关图书。

2006 年，发起人再次举办酒局，同样的 20 款酒，几乎同样的评审班底（加了两名英国葡萄酒作家——休·约翰逊和简希斯·罗宾逊），美国酒再次大获全胜，夺得比赛前五名。

2008 年，该事件被拍成电影《瓶击》（Bottle Shock）。

◉ 2.19 1989 年的法国悖论说的是什么

1989 年，世界卫生组织调查证实，法国人中患高血压、高血脂等心脑血管疾病的男性人数约为英国的 1/2、美国的 1/4，女性人数约为英国的 1/3、美国的 1/4。

有研究表明，法国人好食黄油、芝士、肉类，而且吸烟成性。那为什么法国人似乎要比英国人和美国人更健康呢？奇迹的创造者就是葡萄酒。

1970 年，法国人均葡萄酒的消费量为 108 L，相当于平均每天要喝 300 mL，这还是按总人口计算的平均值，如果不把儿童计算在内，平均值将更大，法国人均葡萄酒饮用量居世界首位。相关调查表明，比起那些正常饮食中不包括葡萄酒的人来说，进餐中饮用葡萄酒的法国人患心脑血管疾病的概率及患病后的发病率、死亡率较低。

◉ 2.20 2019 年的"中国红排行榜"说的是什么

2019 年 12 月，首届美酒翰林院世界美酒大奖赛在中国广州成功启幕。来自世界各地的评审团队成员，秉持公平、公正的原则，发挥中国味蕾的鉴赏力，一起"用中国标准品评世界美酒"，推出了年度"进口酒排行榜"和"中国红排行榜"。

2019 年度"中国红排行榜"包括：迦南美地酒庄小马驹干红 2014，银色高地酒庄阙歌 2016，西鸽酒庄蛇龙珠单一园 2017，芳香庄园尕亚左岸窖藏 2012，戎子酒庄小戎子黑标 2015，华昊酒庄柳木高 2017，紫晶酒庄晶典马瑟兰 2017，马丁酒庄 307 小西拉 2015，扎西酒庄陈酿 2017，中合馥农庄园仰山 2017，玖禧名庄遇悦马瑟兰 2018，天麓酒庄赤霞珠 2018。其囊括了中国各产区的红葡萄酒佳酿。

新时代"中国芯"WLA 世界美酒大奖赛

WLA2019 年度十大中国葡萄酒 12 瓶套装

3 品味鉴赏篇

全世界有 8 000 多个葡萄品种，常见的酿酒品种也有 100 多种。想要品鉴到一瓶葡萄酒的神韵，确实需要丰富的葡萄酒相关知识和经验，因为葡萄酒是"有生命"且不断变化着的神奇液体。即使是同一款葡萄酒，也会因为温度、湿度、储存方式、开瓶时间、使用器具等条件的变化而呈现出不同的风格。

当你爱上美酒，学会品鉴后，就不会仅停留在葡萄酒领域，而是会延伸到葡萄蒸馏酒、谷物蒸馏酒等领域，去体会其强劲与柔美融合、个性鲜明的特质。对酒的热爱也会让你想去体验好啤酒呈现的啤酒花的微苦芬芳、麦芽的醇厚香味以及泡沫的细腻柔软。

⚙ 3.1 品鉴葡萄酒与烈酒时的温度和环境

在品鉴葡萄酒与烈酒时，酒与空气接触，环境温度会影响酒精的挥发速度和挥发量，温度越高，挥发速度越快，挥发量也越多。酒精的度数太高，会很快地在一定程度上麻痹味觉，很多美好的香气便感知不到了！葡萄酒与烈酒的品鉴温度差别很大，因而侍酒师需要根据年份、酒体、类型、特点以及环境与酒的冷热交换率，不断调整酒温使其保持在最适宜的温度范围内（详见下图：葡萄酒品鉴温度标准）。

另外，应保证室内空气洁净没有异味和环境温度适宜。环境温度在 16～22℃最适宜品酒。入口的酒温度不同，味蕾敏感度也截然不同。酒液温度较高时，味蕾对甜味更为敏感，此时应降低酒温以突出酸度，避免过于甜腻，从而保持清爽的口感。品鉴酸度不足的甜酒尤其要重视酒的温度，稍低的温度可以帮助不同类型的酒在口腔里建立相对平衡的酒体。

因此，针对不同类型的酒必须调整相应的饮用温度，这样才能够表现出其最美好的内涵。当然，有时也可以利用温度来隐藏某些酒的一些缺陷。例如，某款酒的酒体不够厚重，可通过降低温度给这款酒的酒体增加厚重感。

红葡萄酒在 16～18℃时，酒精挥发得较慢，酒中香气物质也更容易释放，因此具有精致香气或者经过橡木桶陈年的葡萄酒适合这个温度范围。当酒升温到 22℃以上时，酒精挥发速度加快，有明显的酒精气味，会掩盖其他香气，且会导致嗅觉敏锐度下降。

当温度低于 6℃时，几乎所有葡萄酒都会进入较封闭状态，香气挥发速度慢，此时虽然口感很清爽，但能闻到的香气很微弱。只有干型厚重的数十年老酒才适合在20℃以上温度品鉴。

香槟或高泡型起泡酒，在 5～8℃时，不仅喝起来清爽甘洌，而且能锁住气泡、降低压力。因为温度高时，二氧化碳处于极为活跃的状态，挥发更为剧烈，所以开瓶时释放压力使酒液伴随气体喷涌而出的行为，既浪费酒又不专业。

❀ 3.2 品鉴葡萄酒的基本步骤及相关知识

无论是专业品酒师还是美酒爱好者，品鉴葡萄酒不仅是温馨浪漫的时刻，也是发现和欣赏美的过程。品鉴葡萄酒的基本步骤主要有观色、初闻、轻摇、闻香、品尝、回味，虽然是很简单的六个步骤，但是其中有着很多技巧。

3.2.1 察颜观色

在较明亮的环境里，先将酒杯置于白色背景前倾斜 45°，杯内的酒液会呈现出颜色由浅到深的椭圆形，通常称之为酒舌。可以先通过观察酒在杯子里不同位置的颜色、清澈度、深浅度以及光泽等，来判断这款酒的酒龄和品质。品质较好的葡萄酒澄清、厚重但不浑浊，表面有光泽。陈年的红葡萄酒会呈现出深浅不同的褐色；陈年的白葡萄酒会呈轻微的淡黄色；新白葡萄酒则会呈现出清淡、明亮、清晰、鲜嫩的淡黄色。再看摇杯后葡萄酒于杯壁上形成的横向弧形、条形流坠以及酒滴的流动速度，通过这些可以辨识葡萄酒的酒精度、糖度、醇厚度。

通过观察葡萄酒的颜色，可以看出酒大概的酒龄、品质等信息。时间会让酒逐渐失去紫色的酒舌边，再从宝石红蜕变成美式咖啡的浅褐色。通常颜色深的红葡萄酒酒体较厚重，单宁也可能会含量更高、更强劲。当然，酒色的深浅除了跟葡萄品种有关，某些葡萄品种皮薄色浅，比如黑皮诺葡萄，但所酿的酒体却不单薄；还与

其酿造过程中的浸皮、过桶时间有关，浸皮时间越长，其颜色也越深。葡萄籽和皮与酒液接触时间越久，酒中的单宁含量也会越高。单宁虽然给人涩的感觉，但却是葡萄酒的酒体中不可或缺的成份和陈年成长的重要物质。

对白葡萄酒而言，与红葡萄酒相反，伴随着一级香气的变弱，酒色会逐年变深。另外，通过看葡萄酒颜色的深度，还可以判断酒是否经过橡木桶陈年。比如，同样年份的霞多丽，如果颜色呈淡黄带绿色，一般就是未经橡木桶陈年的；如果呈现淡金黄色，很可能就是经过橡木桶陈年的。

3.2.2 闻香识酒

在将酒倒入杯子里后不要急着摇杯，首先要进行一次静态闻香，把杯子倾斜45°，将鼻尖探入杯内（初闻）吸气，此时闻到的香气叫葡萄酒的初始香气。这类香气来自葡萄本身，如果是常见的单一葡萄酿造的葡萄酒，有丰富经验的美酒达人，只要闻一闻就能基本判断出酿造这款葡萄酒的葡萄品种。

3.2.3 醒酒闻香

初闻后轻轻地晃动酒杯数圈，让杯子里的酒向逆时针方向旋转变薄，让酒与空气尽量多接触，这被称为摇醒。摇醒可使酒液里的酯、醚、醇、乙醛、酚类、有机酸、萜烯类化合物等物质与空气接触，这些物质在与氧气充分接触后，会最大限度地释放出复杂的香气。每一次摇杯后闻香都能感受到葡萄酒香气的细微变化，此时闻到的香气是葡萄酒在酿造过程中逐渐固化的二级香气。有丰富经验的美酒达人会根据对香与味的认知经验，在记忆里形成一个香气轮盘数据库，这样在品鉴美酒时，就可以去对应每个细微的香气信息。有品质的酒会有细腻悦人、优雅浓郁的花香和果香，比如经过橡木桶陈年的酒会有坚果类、烘烤类等的香气。

3.2.4 品味道，体会余韵

先轻轻啜一小口（5～8mL），低头吸气让酒在前口腔里与空气混合，再让酒进入口中，让它在舌尖上翻腾跳跃，从舌两侧、舌背延伸到咽喉底部，逐渐让酒液布满口腔内每个部位。舌头上的味蕾不仅能分辨出复杂的果味、香料味，还可以分辨出数百种味道，而且不同的人有不同的阈值（味觉敏感度），对甜、咸、酸、苦、辣、涩等多种味道都会有强度不同、清晰或模糊的感觉。品味道时还可以看看杯中酒的颜色和挂杯。

受舌苔影响，舌前部和后部更敏锐，中部略迟钝些。"舌尖尝甜味更清晰快速，舌面尝咸味更有数据感，舌两旁尝酸味更准确，舌根尝苦味信息更持久"，这个说法虽不完全正确，但根据舌面反馈的感觉我们能够客观地判定酒的品质、层次、味道等诸多信息。品酒时，口腔里既有被口腔加热后的一级、二级香气，也有瓶储陈年形成的森林气息、坚果味、松露味的三级香气，也只有多角度地接触，才能完全地了解一款美酒独特的香气与味道。此时口腔里就会有很多的味道记忆依次呈现，不同品质的酒在余味上区别很大，有些味道是短暂的，有些则是持久不散的。

🌐 3.3 吐掉品鉴过的葡萄酒也有方法和技巧

品酒就像读书一样，一眼是看不完一本书的。若只是随便喝一口酒就马上吐掉，是无法充分感知葡萄酒的风味、层次、变化着的香味的。因此，建议品酒者参照葡萄酒品鉴的步骤品尝，让葡萄酒真正呈现出它的美妙，完成步骤后，送一点酒到咽喉，咽下一点点酒再吐酒。吐酒的时候要防止酒液飞溅，姿态也要优雅得体。吐酒前先要确定吐酒桶的位置，将头伸到吐酒桶的上方，头侧低，噘嘴收紧双唇将口中的酒液冲着桶沿吐出一条弧线。吐酒时不能用力过猛，否则酒液很容易飞溅出来，也不能轻轻地不用任何力，不然酒液沿着下巴流下去就很尴尬了。

🌐 3.4 持杯要有讲究

侍酒师持杯不仅会受到同行的关注，也会成为入门者效仿的榜样。优雅、合理地持杯不仅能彰显一个人的专业形象，而且有助于更好地摇酒、观酒、闻酒、品酒，更有利于敬酒碰杯。在西方有这样一句话："人们更关注你的举止。"所以，为了让自己看起来够优雅、有品位，不论处于什么年龄和拥有怎样的社会地位，我们都要先学会如何更优雅地持杯。在品鉴葡萄酒的时候，合适的酒杯配合正确的持杯姿势，会带给我们更好的体验。

3.5 如何持杯才得体优雅

就品鉴葡萄酒而言，为满足闻香、品味与鉴赏的需要，手持杯脚下端更容易进行看、闻、品的操作，坐在酒桌边用大拇指捏住杯挺，另外四根手指与杯挺相对整齐排列。若出席酒会在行走中拿着酒杯，要让杯脚坐在虎口里，大拇指和食指捏住杯脚，这样很稳当也很优雅，更有利于灵活摇酒！这两种持杯方式可以避免手的温度透过杯子传递给葡萄酒，让葡萄酒处于适饮温度内，以便更完美地品鉴美酒；由于手指持续分泌汗液和皮脂，持握杯脚或杯柄，不仅可以避免在杯壁上留下油腻的手印，而且碰杯的声音更加清脆悠扬。这些持杯的正确姿势，其实更多地用于社交酒会和品酒场合，而且越正式、越高端的场合越需要注重持杯方式。

白兰地持杯

葡萄酒持杯

3.6 葡萄酒的风味受哪些因素影响

葡萄酒是很有地域风土特色的产品，很多因素会改变它的香气和味道。同一个葡萄品种，由于生长的国家、地区、气候、土壤等条件不同，在香气、味道、酒体等方面会出现很明显的差别。此外，由于海拔、周边的植物环境、坡度与整体地形的不同，同一种葡萄酿出的葡萄酒也会有不同风味。还有些影响葡萄酒风味的因素则是葡萄本身，如葡萄树的种植方式（有机、非有机）、葡萄树龄。当然，酿酒工艺、酿酒师的理念等也会影响葡萄酒风味。

⚛ 3.7 鉴别烈酒的要素

世界各地的酒种类繁多，比较统一的定义是酒精度超过 30% 的酒都属于烈酒。烈酒分为八大类：白酒、白兰地、威士忌、伏特加、朗姆酒、毡酒、龙舌兰、清酒。

中国白酒有悠久的历史和丰富的香型，属于粮食蒸馏酒，有十二大香型。首先从包装上看执行的是哪个类型的国家标准，如《固液法白酒》（GB/T 20822）是固态法白酒，《液态法白酒》（GB/T 20821）是液态法白酒，不同香型的白酒都有国家标准，可以通过相关专业书籍查询。白酒最重要的是协调性，香味和醇厚绵柔度是判断其品质的参考条件。我们可以通过酒的表现来区分品质，如果酒瓶是透明玻璃瓶，开瓶前左右或上下剧烈晃动，酒若能很好地包裹空气，酒泡丰富且持久，则可以判定酒的表面张力较大，说明陈年时间长或老酒的含量较多，这样的酒香味也较醇厚，不会过于辛辣。如果是不透明的酒瓶，则可以采用高处倒酒入壶（高山流水）的方式激发酒泡，酒泡虽然不是好酒的必要标准，但是作为一个鉴别的参考是可以使用的。

烈酒入杯后先与视线平行看看酒是否纯净、清澈、明亮。出现较多浑浊说明酒品质可能有明显变化了，刚出厂的白酒应该是纯净、清澈的。国内外酒厂通常会将大部分酒液陈年醇化，也经常会用各种过滤技术去除杂质和颜色，令酒体像水晶一样晶莹。蒸馏酒起初都是无色透明的液体。经过大陶缸或不锈钢罐陈年后，有些用粮食作物酿的酒会呈现明显的颜色，比如高粱酒就会因高粱红素而在窖藏后呈现淡黄色。国内外有很多讲究自然风味的烈酒未经冷凝过滤直接入橡木桶陈年，也会逐渐呈现亮丽的琥珀色。一些较新的烈酒会通过加入焦糖来增加颜色，但焦糖也会间接地改变酒的风味。高品质的白兰地、威士忌、朗姆酒通过橡木桶陈年赋予酒液琥珀色，如麦卡伦、波本威士忌就标明未在酒里添加焦糖。美酒达人不应该被酒液的色彩蒙蔽。

⚛ 3.8 品鉴烈酒的方法

视觉判断后，握住杯肚将酒杯托起闻香，醇厚的酒闻起来较柔和，不会有过于辛辣刺激的气味，一定要注意不可以很近或长时间地闻，否则挥发出的酒精会使鼻腔黏膜脱水，麻痹嗅觉。在鉴赏烈酒时，先不要剧烈摇晃酒杯，因为酒精挥发过快会掩盖由蒸馏工艺、基酒原香、橡木桶风格赋予酒的各类香气。烈酒品鉴时入口一定不要多，每次 6～9mL 细细品喫酒的味道就好；饮用威士忌最好不配饮料，但兑 1～2 倍蒸馏水的方式是可以的。在口腔中咀嚼搅动烈酒，口腔中的唾液酶会与酒发生化学反应，让酒铺满口腔，这样可以判断它的质感是丝滑的还是粗糙的、酒体是单薄的还是饱满的。优质的烈酒在回味时也能表现出长与短、复杂与简单的香气与味道的美妙特性。

⊛ 3.9 品鉴烈酒时不建议吐酒

专业人士在烈酒品鉴活动中经常吐酒。常见的白兰地、威士忌、朗姆酒、龙舌兰等烈酒，酒精度一般都在 40% 左右，喝多了人就很容易醉，故一般用来品鉴的烈酒都是口感较为柔顺、风味细致复杂的。这样的好酒最好是纯饮，抿一小口（3mL左右），用舌头搅动酒液，不吸入过多空气，让酒慢慢向口腔后方移动，解读风味和复杂的变化，判断酒体的绵柔度和酒精给喉咙带来的灼热感，因此烈酒进入食道前的过程会使人更好地感受到烈酒的余味。而烈酒品质的区别在余味中体现得最充分。高品质的烈酒余味悠长、消失得很慢，还会有幽雅的香气和味道出现。而品质较差的烈酒，酒质粗糙得咽喉灼烧感很强烈，但如果直接吐掉酒液，就无法获得吞咽时的感受了。

⊛ 3.10 品鉴啤酒的方法

啤酒作为全世界最大众化的含酒精饮料，具有悠久的历史，目前市场上的啤酒琳琅满目。人们喝啤酒追求清凉爽口的同时，也可以对啤酒进行品鉴，只是很少有人这么做。人们大多是依个人喜好选择风味不同的啤酒，有喜欢香气浓郁的；有偏好口感厚重微苦的；有喜欢淡而清爽的；也有爱涩、酸味重的。

品鉴啤酒时也可以用一些类似葡萄酒的专用术语来表述。啤酒温度保持在 8～10℃时泡沫最丰富细腻、能够持久。浅色小麦啤酒、浅色艾尔啤酒最佳饮用温度为4.5～7℃；深色格拉啤酒或美式 IPA 精酿啤酒最佳饮用温度为 7～9℃；烈性格拉啤酒或双倍、三倍啤酒不能冷冻

酿造工艺和原料的不同使啤酒呈现不同颜色

保存，最佳饮用温度为 8 ～ 10℃。酒入杯后先看是否有亮丽明亮的琥珀酒色，泡沫越丰富细腻表明品质越好，在啤酒杯干净无油的情况下，泡沫消失得越慢品质越好；观色后再闻挥发的乙醛、乙醇、双乙酰等的香气；品鉴青草味、氧化味、酚、酸、硫、酵母等味道；回味涩味、酯香、甘香的淡淡余韵，以及由麦芽、啤酒花与酵母共同演绎出的丰富味道。若轻度烘烤麦芽就会有麦香饼干、面包、焦糖的味道，若深度烘烤麦芽可能出现咖啡、巧克力的甘苦味，不同品种的啤酒花或添加不同植物种子的印度淡啤酒（IPA）会有花香、中药、香料等味道。

⊛ 3.11 品鉴啤酒时无须准备吐酒桶

大多数人也许会觉得品鉴啤酒时不用吐酒桶是因为它酒精度低，不那么容易喝醉。其实某些精酿啤酒的酒精度也很高，之所以不用吐酒桶不是因为它酒精度低，而是因为它有二氧化碳生成的大量升腾的气泡。人们在享用啤酒时，啤酒中的二氧化碳会迅速释放到空气中，升腾的香气也在其中，气泡爆裂时不仅会刺激口腔，带来爽口的感觉，还能使鼻腔感受到舒适的膨胀感，让我们更好地感知啤酒的香气。同时，酒液中的香气分子也会随着二氧化碳的释放被鼻腔和咽喉感知到。若啤酒入口就吐掉，酒液中的香气分子会因随着二氧化碳气泡释放而来不及被感知。所以，为避免不完整体验，人们在品鉴啤酒时基本上不会准备吐酒桶。

⊛ 3.12 每个人都是自己的酒评家

由于不同的人对不同酒的认识、经历、味道标准不同，加上不同的文化背景和饮食习惯，其对一款酒的描述和感受也会截然不同，而且有些香气和味道是恰好在特定温度和时间出现的。所以，在学习世界美酒专业知识的同时，你完全可以根据自己的切身体验来表达你的感觉。品质好的葡萄酒与烈酒有许多共同的优点，如均衡、精致、香气持久、富于变化等，可以认真体会。对酒的描述和评价没有绝对的对错，把你的感受真切地表达出来就是最好的评语。当你喜欢上美酒品鉴时，你会深入、系统地学习很多与各类酒相关的知识，从而完整感知某款酒的优雅和美感。懂得如何解读美酒，熟悉 WL 评分体系后，就可以用专业的品酒术语来描述你对一款美酒的感受和作出评价了。

3.13 为何品鉴不出别人说的香与味

品鉴美酒的能力是靠发现和知识积累来练就的。品鉴酒要在具备理论知识的基础上，结合自身品鉴经历，循序渐进地形成认知和心得体会。若接触的酒还不是很多，品鉴一杯陌生的葡萄酒时，这个感知信息就是空白的。别人说这个酒里有某些香、某种味道，我们却没感觉到别人所说的味道，这是因为不同的人的味觉经历都是不同的。例如，一个人从来没有吃过黑松露或黑醋栗等食物，即便这个酒里充满着这些味道，他也无法准确地表述这些味道是什么。所以，我们品出的味道未必是他人表述的味道，可以说味道跟每个人的香气、味道记忆有着非常密切的联系。若想清晰辨别香气与味道，就要更多地接触和练习，比如"酒鼻子"就是很好的建立香味标准的工具，同时应该经常光顾水果摊和香料铺子，循序渐进便可逐渐掌握分辨这些香气与味道的技巧。

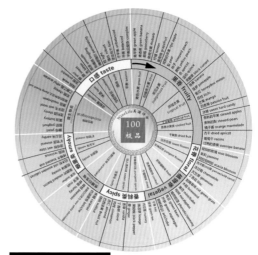

白葡萄酒香气轮盘

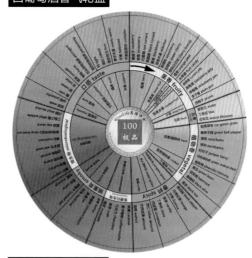

红葡萄酒香气轮盘

3.14 品鉴对比葡萄酒与烈酒品质的原则

全世界几乎每天都有不同主题的美酒品评活动。在品鉴比较的时候，若希望了解某酒庄葡萄酒的风格特色，可以选择该酒庄不同年份的同一款酒进行垂直品鉴。这样能够深刻地体会到年份、葡萄生长环境对葡萄酒风味的影响，你的味蕾也能感知到个性变化，以及时间成长赋予酒的复杂风味。

比较同一酒庄相同年份等级较接近的酒，称为水平品鉴。水平品鉴能够很好地了解这个年份不同酿酒工艺之间的差异。品鉴时需要控制变量，这样才具备一定的可比性。葡萄酒与烈酒盲品大奖赛要求就更简单了，既可以是同一种葡萄不同产区的比较，也可以是不同葡萄品种之间的比较，还可以是不同国家或同一个国家不同产区之间的比较，比较时要从美酒鉴赏的角度作出恰当的评价。两款相互比较的酒，品质等级和价格差别最好不要太大，不然就会失去比较的意义。如果是对一些品质差别较大的酒作比较，最好从低级别的开始，甜型酒和烈酒放到最后品，慢慢地喝上去，这样会获得一个愉快的品鉴过程。

⊛ 3.15 建立自己的品酒笔记

中国有句俗语"好记性不如烂笔头"。把自己每一次品酒的感受记录下来，有助于促进你与美酒之间情感的发展，有助于你在下次遇上一款曾经品鉴过的酒时，记起它当时的芬芳香气与味道。每一位专业品酒师的成长都需要循序渐进，拥有自己的葡萄酒笔记是学会鉴赏美酒的一个重要前提，同时也是一个美好的回忆。

品酒笔记可以是美酒翰林院的 WL 六品体系评分表，也可以是一张张带图片的品鉴卡纸。记录的内容可以很多，主要是某一款酒的酒名、产国、产区、葡萄品种、年份、等级、价格、酒瓶酒标，以及品鉴的参与者等，你甚至还可以记录下这一刻在哪个城市、时间、气温、酒的温度、搭配了哪些食物等。在比较两种以上葡萄酒的时候，品酒笔记更显得直接有效。

⊛ 3.16 葡萄酒和烈酒的香气与味道是从哪来的

一般人在刚接触葡萄酒与烈酒的时候，会被复杂的香气与味道迷惑。那些复杂的果香、花香以及独特香料的香气和味道，是天然的还是人工添加的？其实葡萄酒的香味都是纯天然的，果香和花香以及其他味道，都来自种植方式、葡萄品种、酿造工艺等。由于地理位置、气候条件、葡萄园管理方法等都会影响酿酒原料的品质，因此酿出来的酒会产生迥异的香气与味道。较为常见的物质有吡嗪类物质、硫醇类物质，它们与白葡萄发生化学反应后就会产生花草木本风味，如青草、灯笼椒等味道。吡嗪类物质能使红葡萄酒产生浓郁的巧克力和咖啡等的烘烤风味。而酮、双乙酰、酸、萜类物质、内酯类物质能够让葡萄酒产生浓郁的成熟水果和蜂蜜的香味。甲酸乙酯、乙酸乙酯等多种物质在橡木桶陈年过程中会赋予葡萄酒更复杂的香草、榛子与烤杏仁味。

3.17 葡萄酒的三类香气与味道

人类发现并定义的香气分子多达数千种，不同的香气分子会组合形成不同的香气与味道。

葡萄酒的一类香气中最常见的就是由葡萄皮、籽、果肉的营养物质转化成的香气分子。香茅醇类物质分子形成一类香气，水果香、花香、草本植物味等属于葡萄品种本身的香气，如樱桃、草莓、树莓、玫瑰、紫罗兰等香气。

葡萄酒的二类香气是指葡萄酒在成熟过程中产生的香气。包括由苹果酸 - 乳酸发酵（Malolactic Fermentation）过后，再从橡木和酒泥（多为果肉）中析出的芳香物质，如香草、烤面包、烤杏仁、沉香、奶油巧克力等味道。

葡萄酒的三类香气是葡萄酒在陈年储藏中缓慢形成的香气。长时间的橡木桶和瓶储陈年会给葡萄酒增加咖啡、太妃糖、焦糖等香味。另外，长期的瓶中储存虽然不再有氧化反应，但也会产生如煤油、蜜饯、蘑菇、皮革等香气。此时一类香气清新的果香会逐渐转变为熟透果子的味道，甚至果香不再明显。

3.18 葡萄酒中有哪些常见的香气和味道

葡萄酒被誉为最有个性、香气和味道最多的酒精饮品。品鉴葡萄酒是发现美和体验美的过程。复杂多变的香气和味道需要我们去品味。

3.18.1 葡萄酒里的苹果味

苹果的香味一般在白葡萄酒里出现得较多。其属于苹果酸的挥发类气体，其中青苹果的香味在用还没有成熟的略带青涩的新德国雷司令（Riesling）、意大利的马尔瓦西亚葡萄酿造的甜型起泡酒中最常见，成熟苹果（红苹果）的香味大多出自成熟的陈年的些许氧化的白葡萄酒。

3.18.2 葡萄酒里的杏味

杏味在苏玳产区和托卡伊（Tokaj）产区的贵腐酒里最多见，在智利的晚收白葡萄酒里也经常出现。另外，残糖较高且陈年时间较长的红葡萄酒和白葡萄酒中比较容易出现杏的香味。它不同于桃的香味，带给我们的是一种细腻、醇厚的感觉，我们有时候将这个味道描述为李子干或者蜜饯的香味。

3.18.3 葡萄酒里的香蕉味

香蕉的香气在里奥哈低温发酵的白葡萄酒、起泡酒中会出现。另外，用二氧化碳浸渍法酿造的红葡萄酒中也会出现，如博若莱（Beaujolais）新酒。这种味道属戊酯或醋酸异戊酯类，常被称为香蕉油，若香味过浓，会出现类似于指甲油的味道。

3.18.4 葡萄酒里的黑醋栗味

黑醋栗是欧洲很常见的小颗粒浆果，也叫黑加仑果，又名紫梅，在亚洲比较稀有。黑醋栗气味属甲酸乙酯和氨基酸酯类物质。最经典的赤霞珠（Cabernet Sauvignon）、美乐葡萄酿造的葡萄酒中有浓郁的黑醋栗香味，陈年的西拉和新西兰马尔堡地区的红葡萄酒也经常会出现这种香味。

3.18.5 葡萄酒里的樱桃味

低温地区赤霞珠葡萄酒、美乐葡萄酒的标志性香味是红樱桃味，意大利中南部、西班牙、葡萄牙很多混酿葡萄酒都会有浓郁的黑樱桃味。

3.18.6 葡萄酒里的果脯味

由高甜度葡萄酿造的葡萄酒是高残糖、高酒精度的酒，酒体也很厚重，通常在意大利的瑞乔托、阿玛罗尼葡萄酒中可以找到果脯味，它属于发酵后糖转化为酒精过程中产生的乙醇类物质，类似于葡萄干的香味。

3.18.7 葡萄酒里的无花果味

类似于新鲜葡萄果肉原始味道的无花果味，属于庚酸乙酯、辛酸乙酯、乙基物质，年轻的德国琼瑶浆葡萄酒就有这种味道，在有陈年能力、香气复杂的年轻霞多丽葡萄酒中，我们也能找到这种香味，它一般与苹果或者瓜类的味道一起出现。

3.18.8 葡萄酒里的甘草味

甘草味在意大利阿玛罗尼葡萄酒中比较多见，是用风干的葡萄酿造的酒和陈年葡萄酒中的经典气味。它属于香叶酸、甘草酸物质，特别是在经过橡木桶陈年的红葡萄酒和白葡萄酒中很容易找到。

3.18.9 葡萄酒里的柠檬味

很多年轻的起泡酒和白葡萄酒中都能找到柠檬味，它属于柠檬烯、香茅醛类物质。清新芬芳的青柠檬或黄柠檬香是大部分白葡萄酒的香味，新酿造的桃红葡萄酒中有时也会出现。

3.18.10 葡萄酒里的西柚味

高品质的阿尔萨斯琼瑶浆葡萄酒、澳大利亚赛美蓉（Semillon）葡萄酒和德国雷

司令葡萄酒中很容易找到西柚味。它属于芳樟醇、萜烯类物质，经过陈年后通常会转变为薰衣草味。阿尔萨斯的很多桃红葡萄酒也有浓郁的西柚和薰衣草气息。

3.18.11 葡萄酒里的荔枝味

荔枝味在琼瑶浆葡萄酒里很常见，是琼瑶浆葡萄酒的经典香味，但并不是所有年份的琼瑶浆葡萄酒都有这种香味。在收成较差的年份，并且提早采摘的琼瑶浆葡萄酒中很容易发现过熟的荔枝气味。

3.18.12 葡萄酒里的蜜瓜味

在采用低温发酵工艺和新世界昼夜温差较大的葡萄酒产区中，霞多丽葡萄酒中常见蜜瓜味。意大利菲亚诺葡萄酒和采用低温发酵工艺的霞多丽新酒就会有这种香味，经常跟苹果味一起出现。

3.18.13 葡萄酒里的橙味

橙味在强化葡萄酒里常出现，属于柠檬烯、芳樟醇类物质。托卡伊产出的贵腐酒在刚刚进入玻璃瓶时会出现橙味，陈年的雪莉酒会出现成熟橙子的味道，在用麝香葡萄、富民特葡萄、西班牙的马卡贝葡萄酿造的葡萄酒中也会出现橙味。

3.18.14 葡萄酒里的桃味

白桃香味在成熟的维欧尼、琼瑶浆、雷司令等葡萄酒中较常见。非常成熟的长相思葡萄酒、新世界霞多丽葡萄酒和新酿贵腐酒中都有这种香味，澳大利亚炎热地区的西拉干红葡萄酒里也有红色桃子的味道。

3.18.15 葡萄酒里的梨味

梨味常出现在意大利白玛尔维萨葡萄酿造的起泡酒中，或者经过二氧化碳浸渍发酵的桃红葡萄酒中，属于戊酯或醋酸异戊酯类物质，也经常出现在低温发酵的白葡萄酒中。

3.18.16 葡萄酒里的菠萝味

非常成熟的新世界霞多丽、白诗南（Chenin Blanc）、赛美蓉葡萄酒中能找到菠萝味，经过苹果酸 - 乳酸发酵后，大部分苹果酸被转化成了较柔和的乳酸。用这个工艺酿造的霞多丽葡萄酒中会带有清新的菠萝和青苹果的香气。

3.18.17 葡萄酒里的覆盆子味

覆盆子，俗称树莓，种类繁多、香气复杂，是黑皮诺葡萄酒中最典型的香气。自然出汁不压榨的丹魄葡萄酒中也能找到这种香气。这种香气由不同的挥发性化合物组成，这些化合物部分来自葡萄果实，部分来自葡萄发酵和陈年的过程，这些物质与葡萄酒中的糖形成无味苷，通过酒中的酶或酸水解，转化成的芳香化合物具有类似于覆盆子的香气。

3.18.18 葡萄酒里的草莓味

甜或半甜型的桃红葡萄酒中的草莓味最为浓郁。佳美（Gamay）、歌海娜（Garnacha）、黑皮诺葡萄酒里就会出现这种诱人的草莓香味。

3.18.19 葡萄酒里的香草味

葡萄酒会分解橡木桶里多种香味物质，其中一种多酚类物质就是香草味。采用法国橡木桶陈年的葡萄酒，焦糖或奶油味会更多，单宁也趋于圆润细腻；采用美国橡木桶陈年的葡萄酒其烘烤类香气更浓郁，如烤杏仁、香草、雪松、桃木味等，酒体也会更厚重、更强劲。

3.18.20 葡萄酒里的丁香、桂皮味

很多经过橡木桶陈年的西拉、赤霞珠葡萄酒中含有浓郁的香料香味，较常见的是丁香、桂皮的味道。烘烤的程度决定了酒中香料气味的复杂和轻重程度，这是烘烤橡木桶的原因。烘烤时间越长，香料和烟熏味越重。中度烘烤就会产生生姜和丁香的香味。

3.18.21 葡萄酒里的黄油味

经过橡木桶陈年的成熟霞多丽葡萄酒和很多甜白葡萄酒中会有黄油的味道。它的来源有两个方面，一方面是葡萄酒中一种名为双乙酰的乳酸发酵的副产品；另一方面是橡木桶的陈年过程。

3.18.22 葡萄酒里的焦糖味

陈年的甜红葡萄酒和雪莉酒都有焦糖味。当然，像马德拉酒这样焦糖味明显的葡萄酒，并未遭到热破坏，而是经过了特殊的热化酿酒技术处理，其香味很像太妃糖。

3.18.23 葡萄酒里的煤油味

煤油味是寒冷地区的雷司令葡萄酒中最经典的味道，也有人用"汽油味"来形容。其实汽油味或多或少地存在于其他的酒里，只是陈年雷司令葡萄酒中丰富的 TDN（一种被认为对身体有益的物质）令这种气味显得尤为突出。

3.18.24 葡萄酒里的猫尿味

这个气味源于葡萄酒中的一种硫化物。这种物质可以使赤霞珠葡萄酒产生黑加仑的香味。如果存在于长相思（Sauvignon Blanc）葡萄酒里，它就变成了类似于猫尿、榴莲、大树菠萝、番石榴的味道。

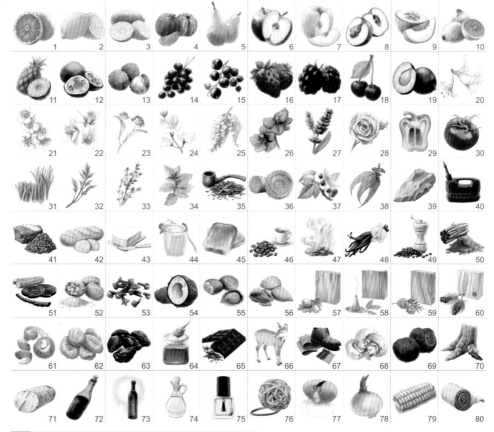

3.19 葡萄酒里的单宁来自哪里

葡萄酒中的单宁主要来自葡萄果皮和葡萄籽，葡萄酒经过橡木桶陈年则会产生更多单宁。这些单宁会让葡萄酒显得有些粗糙，并产生淡淡的苦涩味，但随着时间的推移，单宁会慢慢变得柔和。酿酒时在浸皮、萃取果皮中的单宁的同时，也会浸出果皮上的色素。通常颜色深邃的葡萄酒单宁含量更高。葡萄酒的少量单宁来自果籽，果籽的单宁通常带点苦涩味，果梗里劣质单宁更多，所以很多葡萄在采收后压榨前会经历去梗的工序。果籽当中还含有苦甘油，酿酒师会避免葡萄籽破碎。

3.20 酿酒葡萄与鲜食葡萄的区别

世界上的葡萄种类繁多，有 8 000 多种，最常见的鲜食葡萄有 300 多种，大部分都是产量大、颗粒大、皮薄、肉厚、单宁含量和酸度较低，吃起来甘甜多汁的。只有极少数的鲜食葡萄能酿造甜型葡萄酒，但酒体都不够厚重，也不适合陈年。酿酒葡萄颗粒都比较小、皮厚、高酸、高单宁、高糖度。这些酿酒葡萄遵循着类似的酿造方法，不同的葡萄品种会酿造出风格与味道各异的葡萄酒。一般来说，红葡萄酒使用果皮为蓝色、黑色、紫色的葡萄，而白葡萄酒使用果皮为黄色或绿色的葡萄，也有酒庄用白肉的红葡萄的自流汁酿白葡萄酒。

🎡 3.21 酵母来自哪里

　　酵母的种类有很多，酿酒酵母一般分为野生酵母和人工酵母。葡萄皮上（果粉）就有天然的酵母，土壤、空气、昆虫等都会传播酵母。酵母是一种单细胞微生物，可以将葡萄中的糖分转变为酒精，这个过程被称为发酵。不过酵母的种类跟葡萄品种并没有直接的联系。

🎡 3.22 什么是风土葡萄酒

　　"风土"一词源于法语"Terre"，是"土地"的意思，但它所指的范围远不止土地那么简单，它囊括了一个区域独特的地理环境中所有的自然因素，即地理位置、地形、地貌、土壤、河流、水域、海拔、温度、周围植被等，气候也是重要的风土因素，如全年积温、光照、小气候、降水等。风土会对葡萄酒风格与品质造成极大的影响，受其影响的葡萄酒即所谓的风土葡萄酒。

3.23 如何从杯中酒色带看酒龄

红葡萄酒的花青色素很多，看杯芯就是一团黑紫色，把酒杯倾斜45°，在明亮的白色背景前，才可以从杯子边缘最薄的酒中看清色调和颜色。对于红葡萄酒而言，其边缘呈鲜艳的蓝紫色说明这款酒很年轻（2～3年），呈淡淡的蓝紫色表明该葡萄酒的酸度相对较高。随着酒龄增加，紫色边缘会渐渐消失，由紫红到宝石红再到褐红。陈年越久，其边缘色带和水色边缘越宽。当我们知道一款酒是用什么品种葡萄酿造的时就有了判断标准，观察葡萄酒的清澈度和颜色，可以帮助我们判断其大概酒龄。因为葡萄酒的颜色会随着时间发生细微的变化，当然，葡萄酒透明度低也可能是由于葡萄酒装瓶前未过滤。很多上品葡萄酒都不过滤，以维持葡萄酒最本真的风味。伴随着时间的延续，葡萄酒的颜色会变淡、变褐色，沉淀（或称为浑浊）也会增多。而对于那些陈年10～20年才成熟，生命周期长达百年的佳酿而言，其颜色变化不会很明显。当然，那些经受时间的考验，酒色逐渐变化的好酒，通常其口味也会随着储藏时间的延长而变得愈发迷人。

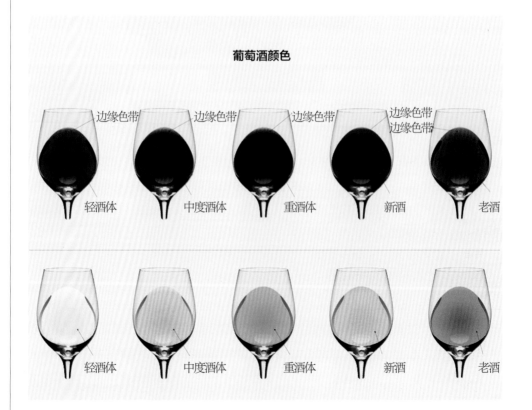

葡萄酒颜色

❀ 3.24 葡萄酒的陈年潜力

　　葡萄酒是"有生命"的物质，陈年潜力在 WL 评分体系里，占 20% 的权重，是衡量葡萄酒品质高低的重要标准。有陈年潜力的酒会随着陈年的时间的延长发生诸多变化，酒色从当初的青涩变得成熟亮丽，尖锐的单宁变得丝滑，香气与味道更复杂、更有变化，直至达到最和谐完美的口感。影响葡萄酒陈年潜力的因素很多，如地域、年份、葡萄品种、酿酒工艺等。构成葡萄酒的物质中，水和酒精随时间的变化不是很明显，或者说很难判断。装瓶后的葡萄酒仍然在不断地成熟，风味、颜色、口感等指标都在不断地变化着。特别是葡萄酒中影响色泽和风味的有机酸、酚类化合物的化学性质很活跃，每年都会都会导致酒品发生较大的改变。酿酒师在酿造一款葡萄酒之前通常都会根据葡萄品种的单宁含量和酸度高低设计陈年潜力。酿酒工艺如过不过桶、过哪种桶、过多长时间桶，都会间接改变葡萄酒的陈年潜力。

❀ 3.25 每天喝多少酒是适度的

　　适度饮酒的标准很难划分，因为国家、民族等差异，不同的人酒精代谢能力差别很大，而且饮食结构、饮酒时间等因素都会影响酒精的吸收。世界卫生组织的安全饮用标准是"男性每天摄入酒精量不超过 20g，女性不超过 10g"。

❀ 3.26 美酒品鉴常用术语

　　世界上不同民族的语言虽不同，但都会以简单贴切的短语来形容一个事物。品尝葡萄酒与烈酒是爱酒人士的一个乐趣，用专业的术语来评酒和表达感受无疑会增添乐趣，因此，我们也需要掌握形容葡萄酒与烈酒的专用词汇。

表 3-1　葡萄酒与烈酒专用词汇及释义

专用词汇	释义
芳香	令人喜悦、花香浓郁的酒，经陈年产生的复杂挥发香味
醇厚	酒在酿造或陈年过程中所形成的复杂、饱满、厚重感觉
浓郁	强烈鲜明且持久而清晰的香味或香气
复杂	香味具有多样性，有很多层次和变化的味道
辛辣	葡萄酒因单宁酸含量较高或烈酒因醛类含量过高而使咽喉受到强烈刺激而产生的感觉
均衡	酒中味道丰富却不突兀，即各项指标很平均，且酸度、甜度的比例协调

（续表）

专用词汇	释义
酒体	酒在口中的质感或厚重或单薄，即酒体厚重或轻盈
清爽	淡雅甘洌的感觉，且非常新鲜，有明显的酸味但又不会很刺激
清澈	酒中没有任何悬浊物，酒液透明、清亮
干净	没有很明显的缺陷和杂乱的香气与味道，也没有浑浊难闻的气味
精致	能体会到匠心独运，工艺复杂，酿制得当，品质堪称上乘
绝干	葡萄糖都发酵转化成了酒精（残糖低于 4g/L），感受不到甜的味道
收敛	口腔黏膜的触感，强劲的单宁让口腔黏膜有僵硬和强烈的收缩褶皱感
绵柔	口感顺滑、单宁不尖、涩强劲、很柔软，即厚重丝滑的质感
成熟	陈年瓶储或橡木桶储藏后的酒，达到了新与老之间最佳的黄金阶段
轻盈	颜色较浅，酒体相对单薄，但又有一定香气和质感
青涩	单宁粗糙，有类似于未成熟的果实的酸涩感
后味	酒入口后，吞咽前，最后出现的味道
寡淡	单薄，酸度和单宁含量都很低，像水一样让人没有深刻记忆
粗糙	酒入口过于尖锐，太酸，太涩，不圆润，整体表现不细腻
还原味	在缺氧环境下的葡萄酒，因二氧化硫会还原为硫醇而产生的气味
氧化味	俗称马德拉味，葡萄酒与空气接触过久，味道变得污浊
木塞污染	葡萄酒由于受到 TCA（2,4,6- 三氯苯甲醚）污染而变质，产生令人不悦的腐败气味
天鹅绒般的	丰满柔和，没有尖锐的刺激感觉，如抚摸天鹅绒般柔软
余韵悠长	品尝一口酒后在口腔中逐渐消失的味道记忆时间很持久
单宁强劲	从葡萄皮、葡萄籽以及橡木桶中浸渍出的，明显涩涩的口腔收敛感觉

❀ 3.27 木塞发霉与木塞污染的区别

　　木塞发霉有很多原因，在酒的长期储藏期间，温度变化过大，塞头结露后会发霉；倒放储存，木塞漏酒会发霉；储藏空间温度不能恒定为 15 ～ 18℃，塞头容易发霉；在装罐时，木塞头有残留酒液而造成木塞发霉。轻微的木塞头发霉，对瓶内酒的品质没有很明显的影响。而木塞污染则不同，栎木皮加工时杀菌处理不彻底，容易造成葡萄酒木塞污染，常见的是 TCA 污染。木塞中的真菌在适宜的环境下接触消毒残留物中的氯化物，就会形成 TCA，造成酒液污染，并会进一步引发化学反应，生成多种带有腐败气味的物质，影响葡萄酒的品质，严重的会让酒浑浊变质。

⚙ 3.28 美酒达人有什么特点

　　美酒达人们有很多的共性，他们会经常在各种美酒活动里出现。他们家里有很多有关于酒的故事的收藏酒，有机会就会拿出美酒与爱酒人分享。他们备有多种杯型和不同档次的酒杯，用来品鉴不同的美酒。他们一般都会收藏几只极品酒杯，外出喝酒经常会自带酒杯。如果有酒窖，他们会让酒窖长年保持合适的温度、湿度。他们有很多款开酒器，甚至有很昂贵的名牌开酒刀。受邀出席酒会时，他们总是喜欢先了解会开什么酒。遇到饭局，他们会把它变成酒局，他们会以酒为尊，看酒点菜，尽量避免食物影响酒的品鉴。如果遇到品质极高的酒，美酒达人们会很认真地体会它的美妙香气与味道。有时他们见到很有价值的葡萄酒与烈酒，即使价格昂贵也会毫不犹豫地购买，让它们成为自己的收藏。

⚙ 3.29 葡萄酒酿造过程中是怎样去渣的

　　酿造不同风格的酒时去渣的工艺也不同。高品质的起泡酒不是添加二氧化碳产生气泡那么简单，而是采用复杂而传统的酿酒工艺，通过二次发酵产生二氧化碳。发酵后死去的酵母菌和细微果肉通过倒置转瓶聚在瓶口成为复合沉淀物，在打塞上铁丝包装前要冷冻，以便从酒瓶中取出沉淀物。一般在静态葡萄酒瓶里最常见的沉淀物便是酒石酸盐，这是葡萄酒中的酒石酸在较低温度下结晶的结果。葡萄酒酿造过程中，有的酒庄为了保留风味会选择不过滤，但大部分在装瓶前，会将细微的果肉残渣去除掉。

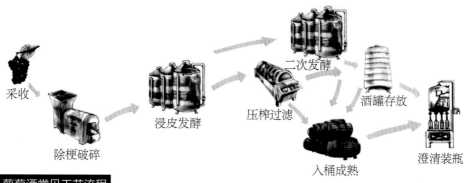

采收

除梗破碎

浸皮发酵

压榨过滤

二次发酵

酒罐存放

入桶成熟

澄清装瓶

葡萄酒常见工艺流程

✿ 3.30 马格南瓶是大酒瓶的意思吗

普通葡萄酒瓶的容量通常是 750 mL，马格南瓶是 1.5 L，容量是普通标准酒瓶的两倍。马格南瓶是唯一不会因产区不同而名称不同的酒瓶。无论在勃艮第、波尔多还是香槟区，1.5 L 的酒瓶都叫马格南瓶。大酒瓶还有很多，而且都有各自的名字：双倍马格南瓶（Double-Magnum）3 L、罗波安瓶（Rehoboam）4.5 L、皇室瓶（Imperial）6 L、亚述王瓶（Salmanazar）9 L、珍宝王瓶（Balthazar）12 L、巴比伦王瓶（Nebuchadnezzar）15 L、光之王瓶（Melchior）18 L。

✿ 3.31 橡木桶的木材是什么树

橡木属麻栎，属山毛榉科，常见于我国北方。树心呈黄褐至红褐色，生长轮明显，略成波状，生长缓慢；红橡木的颜色、纹理、特征及性质会因地域变化而不同，南方红橡木比北方红橡木生长得更快。2 100 多年前，高卢人用木质桶来运输啤酒，他们觉得木桶比瓷质酒罐方便和坚固。橡木桶不仅仅在运输方面具有优势，在葡萄酒发酵和熟成醇化的过程中，还会给酒增添风味和质感，产生独特的香气。

3.32 国际常见美酒中英文名对照

表 3-2　国际常见美酒中英文名对照

英文名	中文名
Dry red wine	干红葡萄酒
Semi-dry wine	半干葡萄酒
Dry white wine	干白葡萄酒
Rose wine	桃红葡萄酒
Sweet wine	甜型葡萄酒
Semi-sweet wine	半甜葡萄酒
Still wine	静止葡萄酒
Sparkling wine	起泡葡萄酒
Claret	干红葡萄酒（原指波尔多产）
Botrytised wine	贵腐葡萄酒
Fortified wine	加强葡萄酒
Flavored wine	加香葡萄酒
Natural	天然葡萄酒
Carbonated wine	加气起泡葡萄酒
Appetizer wine(Aperitif)	开胃葡萄酒
Table wine	佐餐葡萄酒
Dessert wine	餐后葡萄酒
Champagne	香槟
Vermouth	味美思
Beaujolais	薄若来酒
Mistelle	蜜甜尔
Wine cooler	清爽酒
Cider	苹果酒
Brandy	白兰地
Fruit brandy	水果白兰地
Pomace brandy	果渣白兰地
Grape brandy	葡萄白兰地
Liquor（Liqueur）	利口酒
Gin	毡酒（杜松子酒）
Rum	朗姆酒
Cocktail	鸡尾酒
Vodka	伏特加
Whisky	威士忌
Spirit	烈酒
Cognac(France)	干邑（法）
Sherry(Spain)	雪莉酒（西班牙）
Port(Portugal)	波特酒（葡萄牙）
Madeira	马德拉加强酒
Cava	加瓦起泡酒（西班牙）
Prosecco	普罗塞克起泡酒（意大利）
Armagnac	雅文邑

4 宴会礼仪篇

4.1 宴会礼仪概述

自古以来人们就很讲究就餐仪式感。餐饮礼仪因国家、民族、地域、社会阶层的不同而有很大差异。今天，餐饮礼仪虽各国有所不同，但由于不同国家和地区文化相互影响，还是形成了很多公认的国际礼仪标准，社交餐饮的乐趣就体现在这些有仪式感的礼仪当中。

宴会涉及的礼仪是最广泛的，而且规格越高讲究也越多。礼仪的呈现需要载体，需要提前筹备，如大型国宴的筹备工作要提前两个月，人员配置、器具、食材、酒水、礼服等物料都要提前做规划，所有的人员都要提前十天熟练掌握技能和礼仪。普通的宴会从筹备到布置也包含了多项工作，完整的宴会筹备工作都围绕宴会礼仪而规划。其中涵盖葡萄酒与烈酒的礼仪、开酒礼仪、斟酒礼仪、品鉴礼仪、敬酒礼仪等，若餐后有雪茄环节则还有开烟仪式、持茄礼仪、品吸礼仪等，这些都围绕礼仪而设。

4.2 中国古代餐饮礼仪概述

民以食为天，人类餐饮礼仪文化源远流长。河南贾湖遗址、内蒙古兴隆洼遗址距今有上万年的历史，出土了玉佩、骨笛、酒鼎等很多文物，说明早期的人类已经有服饰、音乐、饮酒文化了。

据文献记载：早在周代，饮食礼仪已经有一定的基础，成为表现大国之貌、礼仪之邦、文明之所的待人接物的社交标准。汉族传统的酒宴礼仪有"主人折柬相邀"，类似于今天的发请帖；"客临时迎客于门外"，宾客到时，互致问候，先引入客厅小坐，再以茶点相敬，客齐后再一起入席；"视正门相对为首席，座位有所不同或宽大"，客人坐定，由主人确定起菜，开始敬酒、布菜，客人随后以礼相谢。席间斟酒上菜也要讲究礼数，菜先上到距长者最近的位置，酒先敬长者和主宾，最后才是主人。现在我国某些地区仍然保留并传承着这些传统酒宴礼仪。

✪ 4.3 中国近代餐饮礼仪概述

由于中国地域辽阔、民族众多，文化、礼仪禁忌也各有不同。虽说入乡随俗，但各地礼仪仍然在融合基本礼仪，如：不可以咬筷子或吸吮筷子；不可以翻动盘里的食物；不可用自己的筷子为别人布菜；不可把筷子垂直插入一碗饭的中央，因为这样有点像拜祭祖先；用餐后不可说"我吃完了"，应说"我吃好了"；吃饭时避免筷子触碰碗、碟而发出声音；等等。不同民族文化也催生了不同的礼仪，例如：汉族很多地方不能摆七碟的单数菜肴，因为葬礼后的"解慰酒"是七碟菜肴；而满族又讲究以七个碟子八个碗的菜接待贵客。很多的礼仪传承至今。

✪ 4.4 中国现代宴会礼仪概述

宴会聚餐在人们的生活中是非常重要的社交活动。现代人更讲究时间效率和品质生活，比如：为避免等位要预约餐厅；按要求着装赴宴；按照东道主的安排就座，不可贸然落座；由椅子左侧入座；餐具数目必须和用餐人数吻合；以先冷后热的顺序上菜；菜应从主宾对面席位的左侧呈上；除了汤之外，席上一切食物都用筷子夹取；不可以用筷子对人指指点点或打手势示意；虽然有碗和碟子，但是全程只可以用碗，不能用碟子吃东西，南方很多地方的人称这种碟子为骨碟，把骨头、皮壳类、筷子放在碟上；位上菜肴或位上小吃应先宾后主且从左侧呈上放在骨碟中；上全鸡、全鸭、全鱼等整形菜时，应先由上菜口转到主人位，再由主人介绍或布菜给主宾；宾主用餐速度需互相配合，尽量做到同步，尽量不要在水杯、酒杯边缘留下油脂和口红印；补妆要到化妆室，避免在众人面前补妆。

✪ 4.5 中国的圆桌围餐对社交文化礼仪的影响

由于中国普遍采用共餐制，所以圆桌是中国餐饮业最普遍的家私。国宴菜系的淮扬菜虽然采用国际标准分餐位上菜，但仍然采用圆桌。圆形餐桌在中国颇受欢迎有很多原因：圆桌可以坐更多人；中心感强，有主次尊贵的礼数；圆桌有360°视角，全部人几乎都以面对面的形式坐，眼神和面部表情很直观，每个人的表情和肢体语言都能被看到；语言传递没有距离问题，方便主人招呼每一位宾客，赴宴的客人能全程感知宴会交流内容和状况；主人可以避免重要客人因坐在靠近上菜的座位上而

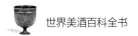

被一次次地打扰；宴会期间主人方便承担一个主动积极的角色，敦请客人尽情吃喝，以营造欢乐祥和的就餐气氛。

4.6 宴会策划的内容

由于宴会主题繁多，所以必须按照不同的宴请目的对宴会的细节进行规划，宴会筹备工作可以归纳为以下几种：

宴会有国宴、家宴、晚宴、午宴、早餐、工作餐之分，还有冷餐（或称自助餐）、酒会之分。冷餐和酒会有时统称为招待会。国宴在世界各地，都属于最隆重的宴会。宴会厅的音乐、灯光、台布、台花、酒具、餐具、工艺品等都要有设计方案。午宴的持续时间没有晚宴长，所以菜品、酒水的丰盛度也不及晚宴。一般的工作餐，多在午间举行，冷餐是一种比较方便、灵活的宴请形式。

4.7 宴会邀请和场地

宴会日期确定后，策划者在了解大概人数的基础上先考虑规格最合适的空间，空间过于空旷或拥挤都会影响气氛，再协调场地是否与其他活动冲突，然后弄清楚宗教、民族对日期的禁忌因素，确定后就以这个时间为起点，往下进行筹备和配合宴会礼仪活动的流程。对于来宾人数庞大，并且嘉宾来自各地的宴请活动，要做两种邀请函，一种是能登门送达且精美的带信封的手写或印刷请柬；另一种是电子邀请函或有活动召集报名功能的 App 链接。做这些既是应有的礼貌，又对客人提醒的作用，便于及时统计人数，避免缺席太多和超员情况的发生。按照邀约礼仪，宴会请柬一般应提前十天左右发出，对确认出席的嘉宾要有专人负责后续服务。

4.8 宴会礼仪的座次

非正式的小型宴会，只需简单安排座次，让客人自由随意选择座位。事先排好座次既便于宴会参加者的沟通，又是对客人的尊重。宴会座次很有讲究，安排座位时应按照如下方式：

①圆桌大型宴会，主人及主宾桌应布置在主席台前中心靠前面的位置，安排主人位，既要便于主席台观礼，又要能够环视全场。

②全部宾主在一张台上的宴会，最好能对门设主人位，兼顾后背靠墙则更好；以主人座位为中心，右首为主宾，左首为副主宾，以靠近者为上，依次往下排列其他嘉宾座位。

③有女主人或第二主人参加的宴会，则女主人和第二主人上下相对坐，向上排其余主客人员，第二主人右侧为三宾客、左侧为四宾客；若有更多主人，则在主宾、副主宾下安排第三主人、第四主人就座。

④若同桌有外宾或民族语言差异很大的宾客，则在遵照礼仪规范次序的前提下，尽可能安排外宾或操同种语言者相邻就座，这样便于沟通。但还是要尽量避免自己人坐在一起形成小圈子，而冷落了来宾。

⑤夫妇主办宴会，一般不相邻而坐，这是西方大部分国家的礼仪，女主人可坐在男主人对面，再男女依次相间而坐。一般女主人面向上菜的门，便于协调菜品和酒水，但这样的规矩在我国没有很明确的礼仪规定，有些家宴男女主人还是相依而坐的。

✿ 4.9 宴会菜单的设置和走菜流程

各国饮食文化中烹饪方式差异很大，菜式设计时要考虑国家、民族、宗教信仰之饮食禁忌。各地菜系都讲究色、香、味、形的完美呈现，荤素搭配、营养均衡的标准是相近的。较高端的宴会中西餐都采用位上菜，西餐以面包为主食，切片用篮子先上，客人自助取用。如果不是自助就会分道上菜，先上前菜，有些蔬菜沙拉会单独上，属于开胃类冷盘（头盘）；第二道是汤品；第三道主要是烘烤或炖煮的肉类，属热菜类（主菜）；最后是甜品。中餐的走菜则是先热菜后汤品（两广菜系多先上汤），中餐位上菜与西餐相反，是先荤后素，样式也一点都不逊色于西餐，中餐更重视来宾的口味，宾客能够从美味佳肴中体会到主人热诚待客的心意，从而留下难忘的美好回忆。

✿ 4.10 西餐宴会布置规范

俗话说"跟中国人学历史，跟英国人学礼仪，跟法国人学美食"，西餐的英式、意式、美式、俄式菜肴都有各自的名菜，而法餐则被誉为西餐之首。一场极致的法式晚宴再结合标准的英式礼仪文化堪称饕餮盛宴，其不仅讲究美食，还有摆台装饰。鲜花、蜡烛台或大白蜡烛是营造气氛必不可少的要素；对来宾的国家、民族、宗教信仰都考虑得细致入微；花瓶高度，鲜花种类、颜色等设计合宜；白台布上的碟居中，大餐巾在碟下，小口巾放右上角，碟右侧布置餐刀，刀口向碟摆海鲜刀、肉刀；右侧配与左侧相对应的不同叉；酒杯的摆放也有标准可循，非常讲究，右侧第一个是水杯，依次是餐前酒或起泡酒杯、白葡萄酒杯、红葡萄酒杯、甜酒杯、烈酒杯等。菜品与酒水由同节奏的主食、前菜、汤、主菜、甜品构成。

❀ 4.11 国际通用赴宴就餐礼仪

4.11.1 应邀

受到邀请后，无论能否按时赴约，皆应尽快作出回应。若不能应邀前去，则须提前解释，并深致歉意。可以接受邀请的，就告知会按时出席。除非发生重大意外事件，否则不要随意爽约，作为重要嘉宾不能如约的，更应郑重其事地协调解决。

4.11.2 准时

赴宴绝对不能迟到。宴会迟到是非常失礼的，酒菜齐备，专等一人而不能开席会令大家都十分尴尬。当然也不可去得过早，宾客去早了主人还没到或未准备好也会让主人措手不及。

4.11.3 抵达

穿着得体、落落大方地赴宴，热情地与迎来的主人或宾客打招呼，或行注目礼向不方便握手的嘉宾致意。按主题送上祝福、鲜花或邀约人心仪的礼物。

4.11.4 入席

如果有座位牌或主人已经安排好了位置则对应入座，大型活动会有导位人员引导入座，坐下之前，应对前、左、右先到的嘉宾致意，无论熟悉还是陌生的人士，都要友好地打招呼，便于接下来的交流。

4.11.5 举止

入座后坐姿应该保持自然端正，坐椅子的2/3，背不要倚靠在椅背上，也不要过于僵硬。就餐时身体可略向前倾，两臂应紧贴身体，以免撞到左右嘉宾的手臂，肘部也不要放在餐桌上。尽可能地多招呼和照顾左右的嘉宾，拿起茶壶不要先给自己倒茶，应按照先右后左、先女士后男士的顺序倒半杯茶给他人。

4.11.6 用餐

用餐前将大餐巾平铺于大腿上，席间不宽衣解领带。传统的欧洲餐桌礼仪是左手叉右手刀，吃肉类时从左角开始切，吃完一块再切下一块。遇到不吃的部分或配菜，只需将它移到碟边。应闭着嘴细嚼慢咽，避免咀嚼时发出声音，食物温度再高也不可以口吹降温。汤要轻啜不要匆忙入口，汤汁滴在桌布上是极为不雅的。饮酒前可以用餐巾一角把嘴唇上的油脂抹掉，但切忌大力擦拭。

4.11.7 席间

使用餐具最基本的原则是由外至内，享用完一道菜，刀刃向内、叉齿朝上平放在盘子的5点钟方向，表示侍者可以收去该份餐具，下道菜会补上另一套刀叉。席间若需要调味料而伸手又取不到，可请最近的人士传递，不要站起来俯身前去取拿。菜肴有骨、壳等则用筷子或叉子转移到骨碟。全程保持桌面整洁，器具和杯子干净，最好能保持摆台时的初始样貌。暂时离席应把餐巾放在座位上表示还会回来用餐。

4.11.8 畅谈

国内外宴会基本上都是边吃边聊的形式，有食物或酒水在口则应停止说话。席间不仅要和自己熟悉的人畅所欲言，也应当顾及同桌特别是左右两边的嘉宾，选择大家都有谈资的、高雅的、令人愉快的话题，不对宴会和饭菜妄加评论。

4.11.9 散席

赴宴应把握节奏，虽然宴会并不严格限定时间，但宾客也应有整体意识适时离开。菜还没有上齐或众人还在用餐的时候，若退席则很失礼，也影响宴会气氛。宾客若确有事必须提前离开，应先向主人道谢并说明原因后悄然离席。

4.12 位上型宴会餐与酒水的顺序

每个国家或地域的美食与美酒都有经典的搭配，也有根据味道轻重安排的进餐顺序。用餐标准有很多，国内外比较相同的基本原则是，西餐以开胃酒（烈酒稀释类鸡尾酒）或起泡酒开场以烘托气氛，搭配的佐餐用酒也会同步上来；如果有生蚝可以搭配起泡酒，也可以搭配酸度高的干白。因为西餐的前菜多以复合蔬菜沙拉与海鲜类为主（沙拉酱含糖，不适合搭配干型酒），所以可以用清新的白葡萄酒搭配前菜中的海鲜；浓汤搭什么酒都很美味，特别是配陈年红葡萄酒。浓汤过后就是主菜（高脂肪、高蛋白的烘、烤、煎红肉类），可用数款干红葡萄酒配主菜。当主菜用罢，搭配的酒应由干型的酒换成甜型的红葡萄酒或甜白葡萄酒，也可以用贵腐酒或冰酒搭配甜品点心（详见"饮食生活篇"）。

更高规格的晚宴会在酒宴结束后，让来宾换个环境吸雪茄并搭配雪莉酒、朗姆酒、威士忌、白兰地等酒，这样才算结束一场宴会。这一系列的完美搭配遵循的原则是：口味由清淡到厚重，酒精度由低到高。按这个原则，酒宴上侍酒师一般把年份较低、比较简单易饮的酒放在最前面，逐渐品鉴，最后是更浓郁、更饱满、年份较高的酒。这种排列可以让味蕾有一个渐进的过程，让每一瓶酒都有最好的表现，令宴会达到微醺之美的极致。

4.13 选择适饮期的酒给嘉宾

宴会中讲究礼仪和美好的感受，因此需要给宾客提供最适宜的酒。合格的侍酒师应具备渊博的酒类知识，能区分各种酒类，清楚哪些品类的酒是佐餐用的、哪些

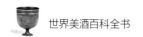

酒是不搭配任何食物仅供品鉴的、哪些酒是还需要陈年才能饮用的；要先依据地理知识判断当地葡萄酒品质，再看葡萄的采摘年份，计算葡萄酒的适饮期；要避免宴会上出现很多款过于衰老和青涩的酒，一般普通的佐餐红葡萄酒3～5年都属于它的最佳饮用期。那些年轻葡萄酒中极具活力的果香果味和酸会逐渐不再特别明显，醛类物质和风味物质及较柔和的单宁会增加。

每款葡萄酒都有自身独特的最佳适饮期，通常来讲，没经过橡木桶的白葡萄酒，特别是无色玻璃酒瓶包装的干白葡萄酒不适合陈年，几乎是年份越新，酒表现越好。而某些名庄酒即使陈年十多年也过于年轻，未到适饮期，因为过于强劲的单宁酒的口感不仅苦涩，还会让口腔黏膜有强烈的收缩感，若待客的每款酒都是这样的表现就有些失礼了。例如好年份的波特酒最佳熟成时间为20～30年。

🔘 4.14 开瓶礼仪有哪些

侍酒师是精彩演绎美酒的指挥家，不仅言谈举止要得体，还必须着侍酒服、围裙、徽章等专业服饰，以干净利落又熟练的开瓶操作，提供系列侍酒服务。侍酒师先从酒窖中平稳地取出酒，再用侍酒巾托着手上未开瓶的酒，酒标朝上呈现给用酒客人，介绍酒名、年份、产地等信息，得到确认后再到侍酒台准备开瓶。

新酒开防漏圈上沿（封冒向下5mm处），开酒帽技法有一刀开（酒刀沿一个方向旋转360°）、两刀开（酒刀顺时针和逆时针各旋转180°）。而开陈年酒（酒帽内容易有霉菌）时，侍酒师一般会在防漏圈下沿切开封帽，采用三刀开（酒刀顺时针和逆时针各旋转180°再斜划一刀取下酒帽），目的是避免倒酒时瓶口的霉菌污染酒。必须一次到位、整齐地割下酒帽，不能用手撕掉。用侍酒巾擦拭瓶口，将酒刀的螺丝钻垂直旋转，钻入软木塞中，根据杠杆原理提拉橡木塞。在橡木塞即将拉出瓶口时，用侍酒巾包住瓶塞旋转至放倒瓶塞，再把酒帽和酒塞放入小碟供用酒客人确认或鉴赏（通常若酒有问题，则木塞在气味或颜色上也会有所反映），然后进入鉴酒、过酒、醒酒、倒酒等优雅侍酒环节。

🔘 4.15 侍酒礼仪中的鉴酒与醒酒

开瓶后侍酒师有责任为客人鉴酒。鉴酒时先将一盎司（约28mL）的葡萄酒倒入醒酒器，剧烈晃动让醒酒器内壁都有这款酒，这样可以去掉醒酒器里的杂味，然后倒入侍酒师的品鉴杯，判断颜色、香气是否存在问题，若发现问题应与酒的主人沟通解决，若没有问题则开始醒酒。葡萄酒的醒酒时间差异非常大，为了保证宴会的餐与酒的节奏一致，侍酒师会根据酒单安排提前醒酒。

葡萄酒的香气通常需要与空气接触一段时间才能明显地发散出来，尤其是一些味道比较复杂、单宁强、酒体厚重的酒，需要更长的醒酒时间。年轻的酒，醒酒的目的是通过氧化过程使酒的生青异味挥发，老酒醒酒的目的是使成熟而且封闭的香味物质经氧化释放出来。遇到很老的酒（几十年的酒）时醒酒需要慎重，处理不当甚至会香消味殒！那些厚重浓郁型的酒比清柔型的酒所需的醒酒时间要长得多，浓郁的白葡萄酒及贵腐型的甜白酒，最好也花一点时间醒酒，以挥发掉二氧化硫，这样酒的香气也会更美好。

⊛ 4.16 侍酒师的过酒操作

很多酿酒师都认为，冷却和过滤葡萄酒的工艺会破坏酒的结构和减少部分葡萄酒的香气和风味物质。传统酿造法中未经过滤的葡萄酒在漫长的瓶储过程中会有些不稳定的单宁、色素、矿物质发生化学反应，析出酒石盐酸等结晶体，这一现象是酒成熟的标志。虽然这些沉淀物没有食品安全问题，但为了避免入口的酒有异物感，侍酒师需在将葡萄酒倒入醒酒器时把沉淀留在瓶子里，这一过程称为过酒。这样操作的另一个作用是通过醒酒去除陈旧味，让酒从"沉睡"中"苏醒"过来。过酒过程让酒与空气充分接触，此时封闭中的葡萄酒立刻芳香四溢，酒体也会变得圆润，呈现出美好香气与味道。

⊛ 4.17 倒一杯葡萄酒的标准量

西餐宴会是根据宴会上菜的变化而变换上酒内容的，酒的类别、品质不同，倒酒量也不尽相同，倒太多或太少都不恰当。倒酒太多会使酒不能充分接触氧气，香气内敛不能完全释放，而且酒越多品尝得就越慢，酒的温度也会慢慢升高，酒精挥发又会影响嗅觉，导致客人很难分辨出酒的细微香气。若酒倒得不够，酒液快速与氧气接触，升温过快，会使酒的香气受到影响。由于品鉴会的目的是让宾客感受酒的质感和色、香、味，因此，对于一瓶标准容量为750mL的葡萄酒，每人倒不少于35mL即可，每瓶酒可以供20人左右品鉴。酒倒给6～10人分享时，红葡萄酒倒75mL左右；白葡萄酒倒60mL左右；起泡酒倒70mL左右。在美国的很多餐厅，点一份普通餐酒，一般标准是倒一杯180mL的葡萄酒。

4.18 宴会斟酒礼仪

侍酒师正确开瓶后，先用侍酒巾把瓶口的橡木屑擦拭干净，有倒酒片或倒酒器更好。没有倒酒配件时，手上应放张侍酒巾或纸巾，也可以用餐巾纸对折成三角形然后做一个酒领结包住瓶颈，以防止倒酒后酒液从瓶口处往下流弄脏酒标。手拿瓶底，不可以用手拿瓶子的脖颈处。酒标朝上，从每位嘉宾的右侧倒酒。瓶口对着酒杯的中心倒酒，控制好倒酒的量。如果有酒滴到瓶口下坠，要用餐巾蘸一下瓶口，及时擦掉瓶口的酒液，避免滴到酒标和餐台上。无论是圆桌还是长桌用餐，都应先倒酒给酒主人，然后逆时针先倒酒给女士再倒酒给男士。（长桌倒酒从上到下，从酒主人开始逆时针，女士优先，从右后方依次倒酒）。

4.19 酒宴持杯和碰杯礼仪

在西方有句话："持杯的方式显示了你的阶层。"在各种宴会等社交场合，我们的言谈举止都被别人看在眼里，若要给聚会上的朋友留下彬彬有礼、风度翩翩的印象，就要掌握一些实用的持杯和碰杯礼仪。合适的酒杯，正确的持杯姿势，有助于我们在更好地欣赏美酒的同时，更加彰显优雅气质和修养。

大型酒宴要上很多款不同风格的酒，用到多种杯子，使用的杯子不同，持、碰角度也不同。碰杯略低于对方酒杯视为敬。不宜双手抱或单手握杯肚；葡萄酒高脚杯应该持握杯脚或杯杆碰杯。烈酒杯（苹果杯）可以单手托在手里，但敬酒时这样托就不适合了，可以捏杯脚也可握杯肚碰杯。主人祝酒词罢必先与右主宾碰杯，再与左主宾碰杯。圆桌用餐可以集体在中心碰杯，杯子相撞时要把握好角度和力度。碰杯口容易碎，也不卫生，碰杯肚也叫"肝胆相照"，碰杯后酒脱地干杯以示敬意。中国的白酒杯都比较小，故要拿得更往下，让杯肚子相碰才能碰出声音来。碰杯时还要真诚地面带微笑并与对方有眼神的交流。

4.20 中外宴会敬酒礼仪

国外比较正式的宴会，一般都有餐前酒或自助型冷餐，宾客到齐，主人敬酒一般在宴会开始之前，采用香槟敬酒。由女主人或男主人致辞，并向宾客敬酒以表示欢迎之意。宾客较多时，为引起在座宾客的注意，主人应站立举杯高声致辞（这样嘉宾才能都听到祝酒词）后敬酒。很大的圆桌也可以坐着敬酒，但给长辈等敬酒时，必须站起来或移步至对方正右侧敬酒，同辈之间不要隔着一个人相互敬酒。

在西餐宴会上，来宾一般在主菜被吃完，上甜点之前开始敬酒。在非正式的场合，敬酒人随时都可以举杯，表达对他人的祝愿或感谢。客人也可直接回敬主人，但无论谁敬酒，都应确保每个酒杯中有酒，如果有服务员倒酒，就不要轻易拿酒瓶给他人倒酒。另外，在中西餐敬酒礼仪里，主人没开始敬酒时，客人不可喧宾夺主地敬酒。主人要营造觥筹交错的欢乐氛围，接受敬酒时保持喜悦，不宜先客而说："喝好了。"这样会影响嘉宾们的酒兴。

5 饮食生活篇

5.1 饮食文化为何讲究餐饮搭配

饮食文化提倡美酒配佳肴。美酒配餐能增加人的食欲，帮助消化和吸收食物的营养。如果美食与美酒搭配得好，就会带给味蕾一次愉快的体验。在烹饪的过程中，加入不同的美酒一同烹制，美酒入馔，更能令食材的滋味得到提升，去除食材中带有的一些不讨喜的味道，让人在品尝之中得到意想不到的奇妙享受。

5.2 葡萄酒配餐的基本要领是什么

互补的搭配原则。即让葡萄酒和美食取长补短，也就是要凸显两者各自美好的元素，令食材与酒结合后相得益彰。

味道接近的搭配原则。一般来说，红葡萄酒味道较浓郁，涩度高，适合较重的原味（不可以添加甜味调料）红肉（如牛排、猪肉、羊肉）和乳制品。蛋白质可以柔化红葡萄酒中的单宁，让红葡萄酒变得更柔顺，而单宁可以让肉质变得更加细嫩。清新淡雅的白葡萄酒更适合搭配调味较清淡的白肉（如鱼肉、虾蟹类），因为白葡萄酒有去腥的功效，能增加口感的清爽度。但在很多情况下，要特别重视食物的烹调方式和配料，不可以改变食物原本的个性。

味道凸显搭配原则。即利用味道互相抗衡的搭配原则。酒体较轻的红酒可以搭配咸的菜式，芳香、带辛辣香味的红葡萄酒或甜白葡萄酒可以搭配辣的菜式，咖喱菜式也可以搭配清淡芬芳的白葡萄酒。

 5.3 葡萄酒与食物如何搭配

①清淡型的白葡萄酒，如：长相思、霞多丽、白皮诺、灰皮诺（Pinot Gris）。

可搭配的食物：盐水蔬菜、淡味海鲜、刺身、生蚝、寿司、清蒸海鲜、鱼子酱、清纯型淡芝士、清蒸豆腐、白灼虾等。

②中淡型白葡萄酒、非常清淡的红葡萄酒，如：龙眼、雷司令。

可搭配的食物：鱼翅、焗鱼、炒鱼球、蒸虾球、酿豆腐、卤水鹅肝、白切鸡、油泡螺、炒蔬菜、龙井虾仁、淡至中味芝士等。

③浓郁型白葡萄酒、淡至中味型红葡萄酒，如：陈年霞多丽、赛美蓉。

可搭配的食物：鲍鱼、扣辽参、鲍汁菜式、烧鸡、猪扒、芝士焗龙虾、香煎海鲜、炸虾球、烩或焖鱼类、鸭胸肉、意大利比萨、带汁鱼扒等。

④中浓型红葡萄酒，如：偏浓的勃艮第、波尔多、意大利、西班牙、中国宁夏红酒。

可搭配的食物：烧鸭、羊扒、烤乳鸽、牛仔扒、椒盐虾蟹类、风干和烟熏肉类、红烧鱼、扣肉、酱鸭、东坡肉、红酒烩鸡、炒腰花等。

 5.4 葡萄酒配餐法则有哪些

颜色法则：红酒配红肉，白酒配白肉和海鲜。

香味法则：葡萄酒与菜肴的香味相协调。

酸度法则：避免搭配酸度高的食物，因为其很容易破坏葡萄酒的平衡度。

甜度法则：甜酒配甜食，配贵腐甜白或者德国冰酒最好。

单宁法则：单宁可软化肉类的纤维，让肉质变得细嫩、容易消化，所以以单宁重的酒可以搭配较坚韧的肉类。

前后秩序法则：把清淡不甜且简单的酒安排在前面。

 5.5 配餐与葡萄酒的产地有关系吗

一般以当地产区酒配本土风格美食，即在品尝某个地区的特色菜肴的同时，配上同产地的葡萄酒。例如：高酸度高酒精的意大利托斯卡纳（Toscana）配上同样酸度十足的意大利本土意面和比萨，西班牙里奥哈陈酿配西班牙伊比利亚 48 个月自然风干的火腿，这样可带来同样尘封的岁月感。

5.6 餐前酒的最佳选择

开餐前嘉宾就座后不可能马上就上前菜，在喜悦欢快的气氛里，空杯是很失礼的，中餐会先喝茶，而西餐的开胃酒顾名思义也能传递主人的心意——多吃点！开胃酒主要以蒸馏酒加入香料、药材等配制而成（如味美思、马天尼、金巴利、开美乐），再由调酒师做成高酸爽口的鸡尾酒。餐前酒都有一个共同特性，刺激口腔唾液和胃蛋白酶的生成，从而增进食欲。法国很多酒宴以香槟作餐前酒，而优质的香槟都是绝干型的。对于不特别喜欢绝干型酒的人士较多的酒会，餐前酒用低酒精度的甜起泡酒自己制，也是对不胜酒力的女士们细心温柔的照顾。起泡酒中的二氧化碳会加速酒精的吸收，在空腹时饮用很快会发挥酒精的兴奋作用。

5.7 西餐用餐过程中如何搭配葡萄酒

在正式的西餐宴会中，用餐过程按照上菜顺序，分为头盘、汤、副菜、主菜、配菜、甜品六个步骤。这六步分别配以不同的葡萄酒以佐餐。西餐菜肴虽然有六个类别，但是并不代表一餐内所有的类别都必须点，比如可以点头盘、汤、主菜加上甜品这样的组合。点菜时先选择一款自己喜爱的主菜，再搭配适合这款主菜的汤，然后选择头盘和甜品。选好菜品后，依照配餐的原则点搭配的葡萄酒。

5.7.1 头盘

头盘也是开胃菜，目的是增加食欲。法国红酒鹅肝、意大利火腿拼盘、西班牙火腿配蜜瓜、白葡萄酒汁烩贻贝、鱼子酱等均可作为头盘。头盘配酒以果香层次丰富、口感怡人、酸度足够的红葡萄酒、白葡萄酒为主，如香槟或灰皮诺、雷司令、法国夏布利（Chablis）等没经过橡木桶陈年的葡萄酒。奶酪拼盘有时候也会用于头盘，奶酪当中含有的氨基酸可以帮助肝脏分解酒精，奶酪与红葡萄酒、白葡萄酒及干型桃红葡萄酒均可搭配，特别是干型桃红葡萄酒，拥有白葡萄酒的酸度和红葡萄酒的果香。一般来说，陈年时间长、质地较硬的奶酪适合搭配口感厚实的葡萄酒。

5.7.2 汤

一般来说可以根据汤的颜色配酒，白色的汤配白酒，红色的汤配红酒。但因为同为液态，喝汤的同时也可不配酒。

5.7.3 副菜

西餐的副菜一般以鱼类菜肴为主，搭配适合海鲜的霞多丽、长相思、白诗南等白葡萄酒。

5.7.4 主菜

主菜是西餐的灵魂和主角，依据个人喜好选择不同的肉类作为主要食材。通常分为以鱼虾等为主的海鲜类、以猪牛羊等为主的红肉类、以鸡鸭等为主的禽类。

①以鱼虾等海鲜类为主的主菜，适合搭配干型不甜的高酸度白葡萄酒，因为白肉和海鲜比较清淡。而且海鲜多带有腥味，白葡萄酒可以降低海鲜的腥味，海鲜当中的金属味也能令白葡萄酒的口感更独特。

②以猪牛羊等红肉类为主的主菜，适合搭配酒体丰盈、比较浓郁的红葡萄酒。特别是带有胡椒等香料风味的红葡萄酒，更能增添西餐常见的主菜羊扒、牛扒的肉香。红葡萄酒中紧实的单宁能令红肉更嫩滑。

③以鸡鸭等禽类为主的主菜，适合搭配酒体较为轻淡的桃红葡萄酒或白葡萄酒。

5.7.5 配菜

配菜顾名思义就是蔬菜类菜肴，如沙拉或熟的蔬菜。黑皮诺酒体轻盈，适合搭配如蘑菇、松露等带有泥土风味的香菌类菜肴。澳洲莫斯卡托、意大利阿斯提、法国的桃红葡萄酒等高酸度、带有果香的轻酒体型葡萄酒适合搭配沙拉，沙拉中的醋汁和沙拉酱可以使高酸度的葡萄酒口感更紧致，而高酸度的葡萄酒能令沙拉更爽脆。

5.7.6 甜品

糖不是欧洲人发明的，在大航海时代，能吃到甜品是件奢侈的事情。那时候甜品比主菜更让人期待，所以甜品放在最后一道上。甜品一般是一场晚宴就餐饮酒的尾声，也是餐桌上最后的亮点。此时干白、干红就要停止供应了，因为在甜味的作用下，味觉对甜的标准会提高，干型葡萄酒的口腔感觉会变成粗糙的苦、涩、酸等令人不悦的感觉。若想让甜品与酒相匹配，相互彰显甜蜜契合，应该选择残糖为50～100g/L的甜白、冰葡萄酒，搭配普通的提拉米苏、泡芙、巧克力布蕾等；如果是有蜜糖超甜型的甜点，可以选残糖为150～200g/L的加强型高糖度的甜型葡萄酒(fortified wine)，如波特酒、PX雪莉酒或高糖度的贵腐酒。

5.8 何种酒适合餐后饮用

品尝完一顿丰盛的美食之后，饮一杯美酒，细细回味。餐后酒可选择酒精度偏高的酒，以促进消化（见"宴会礼仪篇"），也可以选择适量带有助眠效果的中草药酒，让身心都放松下来。

5.9 美酒与时令菜式的搭配一：刺身类

刺身的叫法源自日本，指将海产、牛肉等生鲜的食材，通过刀切的方式摆盘，配以海盐、柠檬汁、酱油、芥末等调味料一同食用的料理。因为刺身的食材都讲究新鲜肥美，所以所配的葡萄酒也应该以带出食材的鲜嫩口感为宗旨。法国夏布利产区的霞多丽干白葡萄酒，质地清爽且酸度高，拥有丝滑的口感，用以搭配法国吉拉多生蚝，能衬托出生蚝的肥美鲜嫩。芳香型的葡萄酒如新西兰的长相思，其特有的西番莲香气也能很好地提升生蚝的鲜味。

事实上世界各国出产的霞多丽、长相思白葡萄酒都可与富含脂肪的三文鱼、金枪鱼搭配，使味道更为香浓。贝壳类海产刺身如海螺、扇贝等，肉质紧致，口感清甜，可以搭配果香味浓郁的起泡酒。海鲜刺身不适合搭配酒体饱满、单宁强劲的红葡萄酒，因为其会破坏海鲜刺身本身的鲜味，让肉质变得粗糙，而且生鲜食材大多带有腥味，重酒体的红葡萄酒会令腥味加重。如牛肉、马肉等红肉类的刺身，可以搭配相对轻盈的黑皮诺或佳美红葡萄酒。

5.10 美酒与时令菜式的搭配二：海鲜河鲜

在我国南方沿海和河流的流域，水产富饶，种类繁多，除了每年6—9月这段时间为休渔期外，大部分时间里，人们都能品尝到新鲜的海鲜河鲜。吃海鲜河鲜，重在吃出食材的鲜味，采用清蒸的方式烹饪是最能保存鲜度的。带有草本植物香气的法国长相思、带有橘类水果香气的智利长相思、带有蜜桃香气的澳大利亚长相思，这几款长相思白葡萄酒酸度高，香气清新，能带出海鲜河鲜的鲜味，吃起来更清爽嫩滑。此外，意大利灰皮诺、中国的龙眼白葡萄酒也能搭配清淡的清蒸海鲜河鲜。

5.11 如何自制养生热红葡萄酒

喝热红葡萄酒在欧洲颇为流行，这种喝法源自德国，到了冬天，很多人都会喝上一杯热红葡萄酒驱寒暖身。在睡前喝一杯热气腾腾的葡萄酒还有助于改善睡眠，舒缓情绪，提升睡眠质量。

在寒冷的冬天，我们在家也可以自制一杯香料热红葡萄酒，闻着一屋香气，杯里流淌着暖暖的柑橘、香料的气味，喝着香甜带点微酸的热红葡萄酒，十分温暖惬意。热红葡萄酒当中各种各样的香料能增加红葡萄酒的营养，加入的水果能柔和涩味，使酒的层次更复杂、丰富。制作热红葡萄酒不需要选择太昂贵和年份久的红葡萄酒，中等质量的红葡萄酒即可。

①材料：红葡萄酒、橙子、苹果、肉桂棒或桂皮、八角、茴香、白糖或红糖。

②自制方法：将橙子、苹果连皮切成块；将切好的水果放进锅里，倒入 150mL 红葡萄酒；加入适量的肉桂棒或桂皮、茴香、八角、白糖或红糖；用小火煮 5～8min；将煮好的热红葡萄酒倒入杯中，在杯沿挂上一片橙子皮或者在杯中放一两片八角作为装饰；一杯暖暖的色香诱人的热红葡萄酒就完成了。

5.12 如何自制葡萄酒 SPA

葡萄酒中的一些成分有助于排毒放松，SPA 泡浴是最好的居家保养方式之一，同时具有抗衰老、均衡肤色、滋润肌肤、舒缓心情的效果。葡萄酒成分温和，几乎所有人都可以饮用，尤其是压力大、身体僵硬、肌肤发黄发干的人群。每次 SPA 可用半瓶至一瓶红葡萄酒，开瓶后放置 48h 为佳。将红葡萄酒倒入浴缸的水中，可加入玫瑰花瓣，浴水因含有少许酒精而能迅速加快身体的血液循环，15～25min 后，会感觉到身体有微汗渗出，泡浴排毒放松、滋养肌肤的效果已初现。再用红酒、蜂蜜、酸奶按 1∶1∶1 混合，加入适量磨砂膏按摩全身，既能去除角质，又能活血化瘀，每周一次即可。

6 名酒投资收藏篇

🌼 6.1 为什么名酒可以保值升值

名酒，顾名思义就是著名的酒品，具有保值和升值的属性。具有收藏价值的名酒必须满足以下要素：

①品质稳定，不管是哪一个年份，品质不会有大起大落。

②从投资的角度看，老牌、珍品乃至孤品，其升值潜力是最大的。

③酒庄的文化故事值得传颂，例如，中国茅台的生肖系列。

④产品的酒标、包装的艺术性，例如，法国波尔多的木桐酒庄，以其每年变更的艺术酒标闻名。

⑤酿酒师的背景。有些酒品的酿酒师如艺术大咖，其身故后，产品更是备受市场追捧，例如勃艮第的亨利·迦叶。在2019年进博会期间，中法领导人会面，法国总统马克龙送出的国礼，就是一瓶由亨利·迦叶酿制的1978年份的极品酒。

⚙ 6.2 全球最昂贵的白葡萄酒（干白、甜白）有哪些

6.2.1 匈牙利皇家托卡伊贵腐精华甜白葡萄酒 1.5L 礼盒

Royal Tokaji Essencia 2008 1.5L，Hungary

国际牌价： 3.35 万欧元（税前价格，以下相同）

　　排名第一，来自匈牙利，2019 年刷新榜单，成为新榜首的皇家托卡伊酒庄贵腐精华 2008 在首个年份（2008 年）全球仅发售 18 瓶，其中 3 瓶由中国买家购得。

　　这款贵腐精华价格之所以如此昂贵，原因有两点：一是生产成本，二是稀缺性。该酒采用手工水晶酒瓶，酒盒也是艺术品。酿制一瓶贵腐精华 Essencia 需要 180 多千克贵腐葡萄酒，其比 Tokaji Aszú 甜度更高，不含任何稀释甜度的基酒；酒精度也更低，只有 2% ～ 4%。在酿造过程中，不压榨，仅利用葡萄自身的重量获取自流汁液，弥足珍贵。

6.2.2 德国伊慕酒庄逐粒枯葡精选甜白葡萄酒 500mL

Egon Muller-Scharzhof Scharzhofberger Riesling Trockenbeerenauslese,
Mosel, Germany

国际牌价： 8 000 欧元

一直稳居白葡萄酒榜首的伊慕酒庄位于
德国摩泽尔（Mosel）维庭根镇（Wiltingens），
是德国最负盛名的酒庄之一，伊慕 TBA（逐
粒贵腐精选酒）有着"德国酒王"的美誉。这
款贵腐甜白葡萄酒，由酒庄沙兹堡葡萄园
100% 雷司令酿成，口感甘美，风格雅致，是
TBA 中的王者。每年只产 100 ～ 200 瓶，截
至目前，仅有 7 个年份出产，也仅在拍卖会
上可以一窥其身影。

6.2.3 法国乐菲酒庄蒙哈榭特级园干白葡萄酒 750mL

Domaine Leflaive Montrachet Grand Cru, France
国际牌价： 6 900 欧元

法国勃艮第的乐菲酒庄（Domaine Leflaive），地处伯恩丘（Cote de Beaune），是勃艮第最古老的家族酒庄之一。酒庄酿酒师安妮－克劳德·乐菲（Anne-Claude Leflaive），在勃艮第素有"铁娘子"之称，她一直坚持实行生物动力法种植葡萄树，乐菲酒庄因此成为勃艮第最生态、

最有机的酒庄之一。乐菲酒庄蒙哈榭特级园干白一度是世界上最昂贵的干白葡萄酒。安妮去世后，其酿制的乐菲蒙哈榭更是成了绝唱。

6.2.4 法国罗曼尼康帝酒庄蒙哈榭特级园干白葡萄酒 750mL

Domaine de la Romanee-Conti Montrachet Grand Cru, Cote de Beaune, France
国际牌价： 6 300 欧元

勃艮第最知名的酒庄非罗曼尼康帝酒庄（DRC）莫属，其在蒙哈榭特级园的面积与乐菲酒庄分属前两名，占了蒙哈榭园约十分之一的土地。DRC 的干红葡萄酒也一直稳稳当当地占据世界最昂贵的红葡萄酒榜首几十年，直到 2019 年 9 月，才被另一家法国酒庄的定价打破纪录。

6.2.5 美国啸鹰酒庄长相思干白葡萄酒 750mL

Screaming Eagle Sauvignon Blanc Napa, Oak ville, USA
国际牌价： 6 500 美元

　　这是一款颠覆所有酒迷对长相思的感受的名酒，也是世界上最贵的长相思干白葡萄酒，来自美国纳帕谷啸鹰酒庄。

6.3 全球最昂贵的红葡萄酒（750mL）有哪些

6.3.1 法国勃艮第罗曼尼康帝酒庄罗曼尼康帝特级园 1945

Domaine de la Romanee-Conti Romanee-Conti Grand Cru, Cote de Nuits, France
国际牌价： 55 380 美元

　　雄踞世界酒坛 50 多年的王者，罗曼尼康帝酒庄，独家拥有位于勃艮第金丘沃恩罗曼尼村斜坡最佳位置的特级园——罗曼尼康帝特级园（Romanee-Conti），这片葡萄园的故事就是顶级法国葡萄酒的历史传奇。如果以单瓶酒价格进行排名，DRC 的 2015 年份、2009 年份、2005 年份、1990 年份的红葡萄酒都会是前十名。

6.3.2 法国波尔多李贝帕特酒庄 2015

Liber Pater, Graves, France
国际牌价： 30 000 欧元

2019 年 9 月 19 日上市的波尔多李贝帕特酒庄（Liber Pater），一跃超越罗曼尼康帝酒庄，成为世界新酒王。这是一瓶 VDF 餐酒，酒庄庄主路易可·帕斯克（Loic Pasquet）第一次使用 100% 未经嫁接的纯种法国葡萄酿造而成，混酿了卡斯泰、摩圣、帕多特等古老的波尔多当地品种。

6.3.3 法国勃艮第勒鲁瓦酒庄慕西尼特级园 2005

Domaine Leroy Musigny Grand Cru, Cote de Nuits, France
国际牌价： 30 440 美元

勒鲁瓦酒庄在 1868 年由弗朗索瓦·勒鲁瓦（Francois Leroy）在默尔索（Meursault）产区建立。如今的勒鲁瓦酒庄庄主是拉露·比泽·勒鲁瓦。当年，在以男人为中心的勃艮第葡萄酒业里，拉露凭借其出色的酿酒技艺，成为罗曼尼康帝酒庄的酿酒师和酒庄主管，后又被迫离开罗曼尼康帝酒庄。如今，年过古稀的拉露依然是勃艮第最受争议的人物，但是"勃艮第女神"的称号没人不服，她亲自酿制的几款特级园，包括李其堡、香贝丹、石头园、梧玖园，价格都十分昂贵，在勃艮第前十名的顶级酒中占据了超过三分之一席位。

6.3.4 法国波尔多木桐酒庄 1945

Chateau Mouton Rothschild, Pauillac, France
国际牌价： 24 000 欧元

　　木桐酒庄，前身叫布朗木桐酒庄（Chateau Brane-Mouton），位于波尔多的波亚克（Pauillac）村。1853 年，约撒尼尔·罗斯柴尔德男爵（Baron Nathaniel de Rothschild）购买了该酒庄，并正式更名为木桐酒庄。在 1855 分级中，酒庄仅仅被列为二级酒庄。1922 年，菲利普·罗斯柴尔德男爵（Baron Philippe de Rothschild）继承了该酒庄，并开始每年聘请世界著名的艺术家为葡萄酒设计并绘制酒标。1945 年是第二次世界大战结束年份，也是酒庄恢复生产的第一个年份，酒庄采用了大大的胜利标志"V"作为酒标。在菲利普·罗斯柴尔德男爵不懈的努力下，1973 年，木桐酒庄晋升为一级酒庄，成为迄今为止在 1855 分级中唯一破格升级的酒庄。

6.3.5 法国勃艮第亨利·迦叶帕兰图一级园 1978

Henri Jayer Cros Parantoux, Vosne-Romanee Premier Cru, France
国际牌价： 25 800 美元

　　亨利·迦叶（Henri Jayer），人们通常称之为"勃艮第之父"或"勃艮第酒神"，酒标上印有他名字的葡萄酒都是稀世珍品，收获他所酿制的酒如同收获一份宝藏。他的作品主要是"三片园"：罗曼尼康帝、帕兰图、伊索。

　　亨利出生于 1922 年，1945 年是他独立酿酒的第一个年份，2000 年是他亲手酿酒的最后一个年份，他所酿的酒全部价值连城。亨利于 2006 年离世。

🏵 6.4 全球最昂贵的啤酒（1L）有哪些

6.4.1 比利时康帝隆唐吉诃德水果兰比克

Cantillon Don Quijote Fruit Lambic, Belgium
国际牌价： 2 500 多美元

比利时康帝隆酿酒厂的旗舰啤酒，于 2008 年在意大利佛罗伦萨的 Goblin 酒吧和 Livingstone 俱乐部酿造。

6.4.2 美国戴夫狗毛

Hair of the Dog Dave, USA
国际牌价： 2 000 美元

酒精度数高达 29% 的英式大麦啤酒，生产于 1994 年，采用 300 加仑的亚当（冻结设备）并将其冻结 3 次，最后只留下 100 加仑，这种酿造方法即冰冻蒸馏，简称冰馏。这款酒有着非常饱满的酒体，浆果的香气，太妃糖的味道，淡淡的可可味，烟熏的风味，高浓度酒精带来的温暖的感觉，复杂而有层次。此酒陈年了 20 年，在 2014 年才上市。

6.4.3 澳大利亚南极洲尼尔

这款啤酒由澳大利亚的尼尔啤酒厂（Nail Brewing Company）限量生产，是用真正的南极洲冰块来酿造的，总共生产了 30 瓶，可以说是千金难求，弥足珍贵。

6.4.4 英国布鲁狗"历史的终结"

Brewdog "The End of History", UK
国际牌价： 765 美元

由苏格兰的布鲁狗酒厂（Brewdog Factory）酿造，总共只有 12 瓶。其是世界上酒精度最高的啤酒，酒精度达到 55%（ABV）。最大的特色在于，它们采用动物标本剥制术制成的包装，包括 4 瓶灰松鼠包装，7 瓶浣熊包装，1 瓶野兔包装。酒名来源于哲学家法兰西斯·福山的书名。加入荨麻与松枝的高浓度酒精，让所有味道浓缩在一起。

6.4.5 丹麦嘉士伯杰克布森古董 1 号

Carlsberg's Jacobsen Vintage 1, Denmark
国际牌价： 400 美元

该酒仅 375 mL，酒精度 10.5%。产品以"一号年份"命名，据说可以存放 50 ～ 100 年。

6.5 全球最昂贵的香槟有哪些

6.5.1 法国酩悦世纪精神香槟

Moët & Chandon Esprit du Siècle Brut, Champagne, France（1.5L）
国际牌价： 20 000 欧元

这款香槟是 2000 年酩悦集团为庆祝千禧年的到来而推出的，特别精选了 20 世纪最好的 11 个年份的香槟混合酿制，每年只出品 323 瓶，且全部为 1.5 L，市场上十分罕见。

6.5.2 法国路易王妃水晶金银匠限量年份香槟

Louis Roederer Cristal "Gold Medalion" Orfevres Limited Edition Brut Millesime, France（3L）
国际牌价： 15 000 欧元

这款路易王妃香槟只有 2002 年这个年份，只发行了 25 瓶，全部采用 3L 大瓶装，是拍卖市场的宠儿。

这款酒采用酒庄标志性浮雕酒瓶，每个浮雕酒瓶均为 100% 手工制作，据说需要 2 名金银工匠工作 4 天，才可以完成一个酒瓶。该酒瓶使用了 12 种工艺物件、7 m 黄铜饰带经 24 克拉金浸，网状浮雕和 24 克拉金保护层总共使用 158 个银焊点。

6.5.3 法国玻尔科夫香槟

Boerl & Kroff Brut, Champagne, France（1.5L）
国际牌价： 4 000 欧元

玻尔科夫香槟（Boerl & Kroff）只发布 1.5L 的香槟，是由德拉皮耶（Drappier）家族建立的著名品牌，是为法国爱丽舍宫（The Elysee Palace）准备的国宴香槟。

6.5.4 德国库克安邦内单一园黑中白香槟

Krug Clos d' Ambonnay Blanc de Noirs Brut, Germany
（750mL）
国际牌价： 2 800 欧元

　　1843 年，约瑟夫·库克（Joseph Krug）创立了库克酒庄（House of Krug）。1999 年被 LVMH 收购，但家族第 6 代奥利维尔·库克（Olivier Krug）仍然执掌库克酒庄。这款香槟于 1995 年首发，之后在 1996 年、2000 年有发行，库克安邦内（Clos d' Ambonnay）葡萄园面积只有 6 850 m^2，坐落在安邦内（Ambonnay）特级园内，被称为"库克的秘密花园"。

6.5.5 法国路易王妃水晶酒窖年份桃红香槟

Louis Roederer Cristal Vinotheque Edition Millesime
Rose Brut, France（750mL）
国际牌价： 2 500 欧元

　　水晶酒窖香槟，须经过 10 年的酒泥陈年，然后在瓶里陈 10 年。这款香槟充分展现出优雅、柔和的风格，兼具令人惊喜的活力。

6.6 全球最昂贵的伏特加有哪些

6.6.1 俄罗斯维尔斯亿万富翁伏特加 2015

Leon Verres, Russia
国际牌价： 725 万美元

　　奢华伏特加中的状元，725 万美元单价，就是维尔斯亿万富翁伏特加 2015 年份。酒瓶外包装用深黑色人造皮草制成，镶嵌 1 000 枚金色的钻石。采用钻石过滤，原始俄罗斯配方制成的伏特加，容量是 18L。

6.6.2 荷兰龙之眼伏特加

Dragon's eye, Netherlands
国际牌价： 550 万美元

    550 万美元一瓶的龙之眼伏特加，仅仅是榜单中的榜眼。此酒采用的龙形酒瓶是荷兰皇家龙伏特加公司用一条镶满数百颗总重 50 克拉钻石，加上约 15 000 颗小钻石，以及重 4.5 磅（1 磅合 0.454kg）的 18K 黄金精心制作而成的。龙，象征着财富和好运、帝王地位。瓶内的伏特加是采用最好的冬季黑麦，通过木炭蒸馏，共蒸馏 5 次，宝石过滤后精制而成的。

6.6.3 俄罗斯维尔斯亿万富翁伏特加 2012

Leon Verres, Russia
国际牌价： 370 万美元

    这款"探花"伏特加于 2012 年由维尔斯推出，370 万美元单价。贵的原因：采用纯净、流畅的俄罗斯配方和原始过滤工艺，过滤材料为昂贵的钻石。此酒容量为 5L，酒瓶配备善待动物组织白色人造皮草。本来以为富翁中的富翁才买得起，但是却被抢购一空。

6.6.4 俄罗斯罗素巴尔迪克伏特加

Russo-Baltique new, Russia
国际牌价： 130 万美元

    巴尔迪克（Baltique）汽车鲜为人知，而伏特加酒中的 Baltique 在酒行业却家喻户晓。这瓶酒是 Russo-Baltique 公司为纪念成立 100 周年而制作的，一个设计独特的防弹玻璃瓶，由复古的 Baltique 汽车散热器部件制成，外观精美。这瓶价值 130 万美元的罗素巴尔迪克伏特加曾经登上酒界头条新闻，买家是丹麦一位咖啡店老板，而酒却被丹麦哥本哈根的一个小偷盗走。警方最终在丹麦的一个建筑工地抓到小偷，被盗的伏特加已经只剩下空瓶一个（虽然价值连城）。咖啡店老板又重新装满瓶子（谁也不知道装了什么酒），并以同样的价格标卖。

6.6.5 英国蒂瓦伏特加

DIVA Premium', UK
国际牌价: 100 万美元

这款定价百万美元级别的伏特加,是 2018
年新晋的最昂贵的伏特加中的一员。蒂瓦伏特
加,选取优质的伏特加进行多次提炼,采用珍稀
宝石过滤,使得其口感格外顺滑。酒瓶内置的
DIVA Premium 水晶,也是千金难求的稀世珍宝。

6.7 全球最昂贵的干邑有哪些

6.7.1 法国亨利四世杜多侬传承大香槟区干邑

Henri IV Dudognon Heritage Cognac Grande Champagne, France
国际牌价: 120 万欧元

杜多侬(Dudognon)家族于 1776
年在干邑地区创立酒庄,位于大香槟
地区的 Lignières-Sonneville,是鲜为
人知的顶级干邑制造商。因为实在太
小,杜多侬的百年干邑被誉为"干邑
的 DNA"。

这款昂贵的干邑于 18 世纪问世,
在橡木桶里经过上百年陈年。酒瓶由
珠宝商胡塞·黛瓦洛斯打造,镶上
6 500 颗钻石,外表 24K 镀金,白
金包裹,总重 8 kg,内含 1 L 的亨
利四世杜多侬传承大香槟区(Grande
Champagne)干邑。

6.7.2 法国轩尼诗百年禧丽（世纪之美）干邑

Hennessy Beauté du Siécle, Grande Champagne, France(1 000mL)
发布价格 18 万欧元，目前国际牌价 27 万美元，中国香港酒行标价 399.99
万港元。

　　轩尼诗公司为纪念家族最负盛名的领军人物之一克利安·轩尼诗（Kilian Hennessy）先生的百年寿辰，特别打造了这款艺术珍宝。"Beauté du Siécle"意为"世纪之美"，寓意着克利安·轩尼诗不凡、传奇与高尚的一生。该酒由现任调配总工艺师颜·费尔沃（Yann Fillioux）亲自甄选的 100 种最为精粹的"生命之水"调配而成。酒瓶"神秘之夜"由法国设计师尚·米榭尔·欧托尼耶特别设计，用巴卡拉（Baccarat）顶级水晶镶嵌而成。瓶外还有一个洛可可水晶制作的盒子，配备 4 个穆拉诺（Murano）手工吹制的玻璃杯。这款酒只酿制发行 100 瓶。

6.7.3 法国人头马黑珍珠路易十三至尊干邑

Remy Martin Black Pearl Louis XIII, France（1 000mL）
国际牌价： 58 000 欧元

　　人头马是蜚声国际的干邑世家，旗下的路易十三更是顶级干邑的代名词。之所以叫路易十三，是因为酒瓶原型是 16 世纪路易十三世时期，在法国亚纳克之战（The Battle of Jarnac）的古战场上被发现的一支金属酒壶。

　　路易十三和水晶大师巴卡拉（Baccarat）携手创作了黑珍水晶至尊瓶，每支酒瓶对应唯一的编号。瓶内佳酿则由 1 200 种酒龄在 40 ～ 100 年之间的"生命之水"（Eaux de Vie）调配，并使用 572L 蒂尔肯（Tiercon，超过百年历史）旧橡木桶陈年而成。

6.7.4 法国人头马路易十三天蕴干邑

Louis XIII de Remy Martin Rare Cask, Grande Champagne, France（700mL）
国际牌价： 4 万欧元

天蕴（Rare Cask）作为路易十三的得意之作，由路易十三首席调酒师皮埃蕾特·特里谢（Pierrette Trichet）打造。2004 年，特里谢针对酒窖存酒进行年检品尝，一桶极不寻常的干邑让人惊喜。对这桶酒经过连续 4 年的培育观察，特里谢确信这是一桶与众不同、品质卓越的奇迹干邑。她大胆地将这一桶酒推出，并命名为天蕴，意思是此物只应天上有。第一款天蕴，酒精度为 43.8%。

又经过 5 年的酒窖寻觅，特里谢发现了第二桶可以做天蕴的基酒，由于酒精度是 42.6%，所以第二桶酒就命名为天蕴 42.6。迄今为止，天蕴只出品过 2 桶酒，非常珍稀。

6.7.5 法国朱尔斯罗宾年份干邑

Jules Robin Vintage 1789 Cognac, France（700mL）
国际牌价： 35 000 欧元

成立于 1760 年的朱尔斯·罗宾（Jules Robin）是一家历史悠久的干邑酒商，其会对质量出众的单一年份酒进行长时间陈年，以制作少见的年份干邑（Vintage Cognac）。1789 年份的干邑，由巴劳德（Barraud）家族最早的小酒厂生产，因为这些干邑过于古老，如今很难得到它们确切的历史信息，所以只能通过严谨的品鉴分析进行推测。酒庄仅于 1858 年、1845 年、1789 年 3 个年份出品过该系列。酒庄不使用华光四射的珠宝酒瓶，却使用传统的蜡封人工水晶瓶，瓶上贴有古风酒标。

✦ 6.8 全球最昂贵的雅文邑有哪些

6.8.1 法国喜悦酒庄拉班喜出望外

Joy de Exception, Paco Rabanne Collection
Bas Armagnac, France（700mL）
国际牌价： 5 万美元

　　拉班是以法国著名奢侈品牌创始人帕科·拉班（Paco Rabanne）命名的。拉班是西班牙人，于1934 年出生在西班牙东北部和法国边境巴斯克交界处。拉班酷爱雅文邑，他对下雅文邑地区的喜悦酒庄（Domaine de Joy）一见钟情，于是，不断挖掘喜悦酒庄的"天使之享"原酒，联合打造世界最顶尖的雅文邑。拉班喜欢的顶级雅文邑，没有奢华的外表，却能用每一滴酒震动世界的灵魂。

　　这款非常罕见的雅文邑，具有复杂的香气和不断变化的风味，能使感官无比愉悦，喜出望外，是世界富豪一致认可的当今最好的雅文邑，当时生产了 397 瓶。目前世界上仅能在阿联酋迪拜的顶级酒店找到，标价 5 万美元，连拍卖市场都罕有！

6.8.2 法国喜悦酒庄拉班 1888 年雅文邑

Joy, 1888, Paco Rabanne Collection Bas Armagnac,
France（700mL）
国际牌价： 24 000 美元

　　这一批雅文邑，是用法国大革命之前的橡木桶陈年制成的，最年轻的酒液是 1888 年的。这样一杯雅文邑，把 300 多年的历史浓缩到一瓶可以饮用的酒里，诉说人生百态。此酒仅生产了 92 瓶。

6.8.3 法国喜悦酒庄拉班年份雅文邑

Joy by Paco Rabanne Vintage Bas Armagnac,
France（700mL）
国际牌价： 5 000 ~ 10 000 欧元

喜悦酒庄是下雅文邑地区最早的酒庄之一。此款拉班年份
雅文邑系列，开始表现出奢华、时尚的高级特征，其水晶酒瓶
镶有银边。

6.8.4 法国拉瑞斯酒庄达诺泽年份雅文邑

Francis Darroze Chateau La Brise Vintage Bas Armagnac, France（700mL）
国际牌价： 4 000 欧元

经营米其林餐厅的达诺泽（Darroze），在法
国被誉为"酒圈宝藏猎人"。因餐厅所需，几十
年来，家族成员致力于寻找出色的雅文邑。拉瑞
斯酒庄（Chateau La Brise）是下雅文邑产区最具
代表性的酒庄，这款酒采用未经减兑稀释的"天
使之享"工艺（Part des Anges）陈年，香气的丰
盛与浓郁堪称一绝，复杂度令人迷乱。

6.8.5 法国贾思德酒庄年份雅文邑

Castarede Vintage Bas Armagnac, France（700mL）
国际牌价： 50 年以上约 3 000 欧元

贾思德酒庄（Castarede）历史悠久，早年使用公司名 Jules
Nismes Delclou & Cie。1818 年，受法国国王路易十八的许可，
开始使用贾思德这个名称和品牌进行商业贸易。1832 年，贾思
德成为法国商业局记录在册的首个雅文邑品牌。因此，该酒经常
作为法国国礼送给各国元首。

6.9 全球最昂贵的威士忌有哪些

6.9.1 苏格兰麦卡伦 M

The Macallan M, Scotland（6L）
国际牌价：50 万英镑

麦卡伦璀璨系列（The Macallan M），由创意总监法比恩·巴伦独创，因其瓶身利落、棱角分明的啄面而定名，用法国莱俪水晶的精湛工艺赋予其生命力，搭配麦卡伦的顶级珍酿，造就精致超凡的 M。2014 年 1 月 18 日于香港苏富比拍卖会中，以折合约人民币 4 422 900 元（约 631 850 美元）被来自台湾的买家买走，刷新了 2010 年（麦卡伦 Lalique: Cire Perdue 64 年单一麦芽威士忌）在纽约创下的 460 000 美元的世界纪录。稳坐全世界最珍贵威士忌殊荣的依然是——麦卡伦。

注：以上价格为酒厂出厂价格换算的人民币价格，非市场交易价格。截至 2019 年 6 月 30 日，大多数的市场交易价格或者拍卖价格，是以上出厂价格的 3 ~ 10 倍。日本单一麦芽威士忌因为出厂价格过低，没有入选榜单，但是市场的交易价格可能（例如山崎 50 年）超过人民币 150 万元。

6.9.2 苏格兰麦卡伦 1946

Macallan Fine & Rore The 1946, Scotland（750mL）
国际牌价： 37 万英镑

2014 年以前，这是世界上最昂贵的威士忌。为了纪念勒内·拉里克（Rene Lalique）的 150 周年诞辰而装瓶。它是很多威士忌酒迷公认的麦卡伦有史以来最出色的一款产品。麦卡伦酒厂将这款酒在 2010 年售出的款项，全部捐给慈善机构。

6.9.3 苏格兰珍妮特·希德·罗伯茨格兰菲迪

Janet Sheed Roberts Reserve1955, Scotland
国际牌价： 7.6 万英镑

1955 年的格兰菲迪，在珍妮特（Janet)54 岁即 1955 年时，装入酒窖的 29 号木桶，直到 2011 年才完成熟成，为了庆祝她加入大摩家族以及庆祝其 110 岁生日装瓶。仅出品了 15 瓶，其中大摩家族收藏 4 瓶，其余 11 瓶被国际收藏家买走。

6.9.4 苏格兰麦卡伦 1926

Macallan Fine & Rore The 1926, Scotland
国际牌价： 6 万英镑

麦卡伦 1926 是麦卡伦年份最高以及最珍稀的系列，蒸馏于 1926 年，桶内熟成 60 年后，于 1986 年以原酒精度装瓶，仅出品 40 瓶。

6.9.5 苏格兰大摩 62 高地单一麦芽

Dalmore The Cromarty / The Mackenzie
国际牌价： 4.6 万英镑

大摩 62 高地在 1942 年装瓶，仅有 12 瓶。特别的是，这 12 瓶酒分别以酒厂自

1839 年建厂以来的 170 多年之间，最具有代表性的人、事、物来命名。据说第一瓶大摩 62 高地，曾在英国的专业威士忌拍卖会"McTear's Auction House"上以 25 877 英镑的高价售出，创下了全球威士忌拍卖价格最高的世界纪录。大摩酒厂本来留存了一瓶作为镇厂之宝展示在游客中心，标价 32 000 英镑。孰料 2005 年 4 月 15 日，一名商人买下这瓶镇厂之宝，并当场开瓶与现场朋友分享。

2011 年最后一瓶为纪念前任厂长德鲁·辛克莱先生而特别包装的大摩 62 年，由新加坡酒商订购，后在樟宜机场免税店，一名中国商人一掷千金，当场刷卡支付人民币 120 多万元，抱得美酒归。

6.9.6 苏格兰格兰菲迪 1937 稀有系列

Glenfiddich 1937 Rore Collection, Scotland
国际牌价： 1.6 万英镑

格兰菲迪 1937 年，由酒厂酒窖中第 843 号橡木桶陈年，64 年熟成。漫长的岁月沉淀，以及 10 位最优秀的守仓人和几代酿酒大师的特别呵护，使其成为世间最好且最古老的威士忌之一。全球装瓶数量仅 61 瓶。2012 年，这款威士忌在伦敦佳士得拍出单瓶 497 000 元人民币的高价。

6.9.7 苏格兰麦卡伦催莱系列 55 年

Macallon 55Y Lalique Decanter, Scotland
国际牌价： 1 万英镑

麦卡伦 55 年，于 1910 年酿造。这款单一麦芽威士忌在雪莉桶中沉睡了 55 年，是麦卡伦最为出色的威士忌之一，使用莱俪水晶瓶，外包装形似香水瓶。

6.9.8 苏格兰大摩 50 年

Dalmore, Richard Paterson 50Y, Scotland（700mL）
国际牌价： 8 900 英镑

　　大摩 50 年，是世界上最老的威士忌之一，最早蒸馏于 1920 年，装瓶于 1978 年。这款威士忌的存量非常少，目前酒厂仅生产了 60 瓶，盛放在黑色小盒中。

6.9.9 苏格兰格兰花格 1955

Glenfarclas 1955, Scotland
国际牌价： 8 800 英镑

　　格兰花格 1955，陈年了整整 50 年，才于 2005 年装瓶。这款格兰花格由乔治·S·格兰特亲自挑选，作为酒厂创始人约翰·格兰特（曾祖父）两百周年诞辰的大礼。

6.9.10 苏格兰麦卡伦 1939

Macallan Fine & Rare 1939, Scotland
国际牌价： 8 100 英镑

　　这款麦卡伦蒸馏于 1939 年，于 20 世纪 70 年代末装瓶，当时酒的年份为 40 年，是麦卡伦 Excellent & extraordinary 系列中最早的酒款之一，口感清冽而经典。

6.10 全球最昂贵的波特酒有哪些

6.10.1 葡萄牙飞鸟酒庄国家园年份波特

1931 Quinta do Noval Nacional Vintage Port, Portugal
国际牌价： 5 000 欧元

　　飞鸟酒庄（Quinta do Noval），有葡萄牙国宝葡萄园，未受根瘤蚜侵害的葡萄牙老藤 VVP。国家园年份波特，是飞鸟酒庄最高端的波特酒，更是葡萄牙波特酒金字塔上最顶尖的一颗耀眼明珠。多个年份的此款酒均获得国际酒评家满分评价！美酒翰林院团队曾到酒庄实地调研，并品评多个年份美酒，评价其是 WL 极品。

6.10.2 葡萄牙尼鹏酒庄年份波特

1935 Niepoort Vintage Port, Portugal
国际牌价： 4 800 欧元

尼鹏酒庄（Niepoort）是葡萄牙的顶尖酒庄，曾经生产出最贵波特酒。尼鹏酒庄建于 1842 年，是独立家族酒庄，经历 6 代人的经营。尼鹏酒庄的年份波特如 1900 年、1912 年、1945 年等均是 WL 极品。

6.10.3 葡萄牙飞鸟酒庄年份波特

1931 Quinta do Noval Vintage Port, Portugal
国际牌价： 3 500 欧元

同样是飞鸟酒庄，单一园飞鸟园出品。雄踞葡萄牙波特酒前三席之二的顶级地位，至尊荣耀，没有他选。

6.10.4 葡萄牙辛明顿格兰姆酒庄年份波特

1927 W & J Graham's Vintage Port, Portugal
国际牌价： 2 000 欧元

格兰姆酒庄于 1820 年成立于葡萄牙的波尔图（Porto），是英国酒业巨头辛明顿家族旗下最早的酒庄之一。

6.10.5 葡萄牙辛明顿华莱仕酒庄年份波特

1935 Warre's Vintage Port, Portugal
国际牌价： 2 000 欧元

华莱仕酒庄也是辛明顿家族旗下酒庄之一，经常成为葡萄牙的

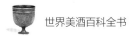
国宴外交用酒。其 1935 年和 1948 年都进入最昂贵波特酒前五名。

 ### 6.11 全球最昂贵的中国白酒有哪些

6.11.1 中华三千年古酒（2012 年出土）

无价之宝

排名第一的中国白酒，年代当然最为久远！这瓶当之无愧的天下第一酒，产自春秋战国时期。2012 年的一次古墓考古挖掘出土了 25 件青铜器，其中一件装着 3 000 年前的酒，保留至今。据考古专家说，该酒液尚可闻到香气！

6.11.2 赖家茅酒 1935 年瓶装

成交价格：人民币 1 070 万元

不要瞠目结舌！此乃过千万元的中国白酒，1935 年出厂的赖茅，水位酒液剩余约 400 g（八两），仅存一瓶。赖茅酒原名赖家茅酒，相传是茅台的前身，1953 年赖茅酒厂被改成国营单位，也就是现在的贵州茅台酒厂。

6.11.3 泸州老窖 1952 年坛装

成交价格：人民币 1 035 万元

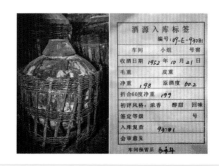

泸州老窖来自四川泸州，20 世纪 50 年代至 60 年代初期的泸州老窖整坛包装，甚是稀有珍贵，拍卖市场现有记录是 1952 年和 1963 年的两坛。其中 1952 年的泸州老窖以人民币 1 035 万元的价格成交。

6.11.4 汉帝茅台 1992 年瓶装

成交价格：人民币 890 万元

　　这款茅台问世于 1992 年，虽然年份并不久远，但数量稀少，存世量仅 10 瓶。除一瓶被茅台公司留存外，其余 9 瓶都在香港被拍卖，20 世纪 90 年代末，这款酒已经拍出超过 100 万港元的高价。茅台公司保存的这一瓶，也在 2011 年 6 月贵州省首场陈年茅台酒专场拍卖会上起拍，并以 890 万元成交。

6.11.5 赖茅 20 世纪 30 年代瓶装

成交价格：人民币 260 万元

　　2017 年 6 月，在北京一个拍卖会上，一瓶极其珍稀的 20 世纪 30 年代的赖茅被拍出 260 万元的天价。

7 古今酒类篇

中国黄酒，是世界上最古老的酒类之一，与啤酒、葡萄酒并称世界三大古酒。

黄酒之所以叫"黄酒"，是因为酿造出来的酒液色泽黄亮，呈澄黄或琥珀色，清澈透明，故而得名。黄酒在中国有据可查的酿造史接近 5 000 年，且唯中国有之，是中华特产。

7.1.1 中国黄酒起源

考古出土的文物，佐证了公元前 4000—前 2000 年，新石器时代的仰韶文化早期到夏朝初年，再到殷商武丁时期，人们就掌握了微生物"霉菌"繁殖的规律，已能使用谷物制成曲药，发酵酿造酒。公元前 3 世纪名著《吕氏春秋》中的"仪狄作酒"，所酿之酒，应该是黄酒同款，因为那时候还没有蒸馏设备。到了西周时期，黄酒已经很普遍，《汉书·食货志》载："一

酿用粗米二斛，得成酒六斛六斗。"这是我国现存最早用稻米曲药酿造黄酒的配方。《水经注》又载："酃县有酃湖，湖中有洲，洲上居民，彼人资以给，酿酒甚美，谓之酃酒。"描述的是 3 000 多年前衡阳的酃酒（亦称酃湖酒、醽醁酒），这是典型的中国黄酒，比久负盛名的绍兴黄酒早 500 多年。

7.1.2 中国黄酒的分类

7.1.2.1 按照酒中的含糖量划分

①干型黄酒。总糖含量低于或等于 15g/L。口感醇和鲜爽，味道浓郁醇香，酒体呈橙黄至深褐色，清亮透明，有光泽。

②半干型黄酒。俗称"加饭酒"，总糖含量为 15 ～ 40g/L，酒中的糖分未全部发酵成酒精，还保留了一些糖分。口感醇厚、柔和、鲜爽，味道浓郁醇香，酒体呈橙黄至深褐色，清透有光泽。

③半甜型黄酒。总糖含量为 40.1 ～ 100g/L。酿造时，用成品黄酒代水，加入发酵醪中，在糖化发酵之际，发酵醪中的酒精浓度就达到较高的水平，这在一定程度上抑制了酵母菌的生长速度，因而酵母菌数量较少，无法将发酵醪中产生的糖分转化成酒精，故成品酒中的糖分含量较高。酒香浓郁，酒精度适中，口感醇厚鲜甜，酒体协调，清亮透明，味道浓郁醇香。

④甜型黄酒。总糖含量高于 100g/L。酿造时一般采用淋饭操作法，拌入酒药，搭窝先酿成甜酒酿，当糖化至一定程度时，加入40% ～ 50% 浓度的米白酒或糟烧酒，以抑制微生物的糖化发酵作用。口感鲜甜醇厚，味道浓郁醇香，酒体协调，呈橙黄至深褐色，清亮透明，有光泽。

7.1.2.2 按照原料和酒曲划分

①糯米黄酒。以酒药和麦曲为糖化发酵剂，盛产于华南地区。

②玉米 / 黍米黄酒。以米曲霉制成的麸曲为糖化发酵剂，盛产于华北、西北等地区。

③大米黄酒。一种改良的黄酒，以米曲加酵母为糖化发酵剂，盛产于东北地区

和湖北襄阳、十堰。

④红曲黄酒。以糯米为原料，红曲为糖化发酵剂，盛产于福建、浙江等沿海地区。

⑤青稞黄酒。以青稞为原料，盛产于青藏高原和云南。

7.1.2.3 按照酒的外观（如颜色、浊度等）划分

清酒、浊酒、白酒、黄酒、红酒（红曲酿造的酒）。

7.1.2.4 按照传统的习惯称呼划分

江西"水酒"、陕西"稠酒"、江南"老白酒"、广东"客家娘酒"、山东"老酒"等都是中国黄酒的品种。

7.1.3 最具代表性的中国黄酒

①绍兴黄酒。因产于浙江绍兴而得名，由于其越陈越香的特性，故又叫作"老酒"。从春秋时的《吕氏春秋》起，绍兴黄酒的名字在历史文献中屡有出现。

绍兴黄酒又分为绍兴加饭酒、元红酒、善酿酒、香雪酒、女儿红、花雕酒、太雕酒、竹叶青。

②金华黄酒。从元代到明、清两代的许多著作中，曾多次出现关于金华黄酒的记述。金华地区历来的名酒主要有寿生酒、错认水、瀫溪春、东阳酒、白字酒。以寿生酒为代表的金华黄酒，素有"冬浆冬水酿冬酒"的说法。

③福建沉缸酒。福建沉缸酒用糯米做原料，以红曲、白曲为糖化发酵剂，属改制型黄酒。之所以取名"沉缸"，是因为该酒在发酵时，酒醅需经 3 次沉浮，最后沉入缸底。

④山东即墨老酒。产于山东省即墨市，是我国最古老的黄酒品种之一，北方黄酒代表，被尊称为"黄酒北宗"。

⑤福建老酒。福建老酒是一种半甜型红曲黄酒，被公认为烹调菜肴的上好调料，是闽菜名菜"佛跳墙"必不可少的主调料。

⑥江苏丹阳封缸酒。曲阿即今丹阳，故丹阳封缸酒有"曲阿酒"之称。据记载，

北魏孝文帝南征前与将军刘藻辞别，相约胜利会师时以"曲阿之酒"款待百姓。

⑦江西九江封缸酒。属甜黄酒，酒精度大于11%，小于13%。选用优质糯米作为原料，以纯根霉曲糖化发酵，长年封存于宜兴陶缸中，自然发酵，自然陈年，经2～3年成熟，故而得名。

⑧上海老酒。上海老酒是一个总称，是指那些降低酒精度，再加入蜂蜜、枸杞等的营养型黄酒。

⑨无锡惠泉酒。属半甜型黄酒。相传无锡有九龙十三泉，经唐代陆羽、刘伯刍品评，惠山寺石泉水为"天下第二泉"，名闻天下。从元代开始，用"天下第二泉"泉水酿造的糯米酒，称为"惠泉酒"，其味清醇，经久不变。名著《红楼梦》中也曾多次提到惠泉酒。

⑩客家娘酒。盛产于华南各省的客家人族群，因为一般由家族中的主妇们酿制，加之其最大的功能是给坐月子的妈妈补身体，所以被称为"娘酒"，也有人称之为客家老酒。

⑪广东珍珠红酒。因明代才子祝枝山为烧酒坊取名"珍珠红"而得名，是客家娘酒的一个重要分支。

⑫兰陵美酒。历史悠久，誉满华夏的黄酒之一。在唐代时，兰陵酒就远销至长安、江宁、钱塘等名城。李白在《客中行》中作了以下赞颂："兰陵美酒郁金香，玉碗盛来琥珀光。但使主人能醉客，不知何处是他乡。"

⑬陕西黑米酒。产于陕西洋县，是一种以黑米为原料制作的酒。酿造过程中要对脱掉糠皮的白色精黑米进行发酵，制出黄酒后加入黑糯米进行脱糠皮处理，再从糠皮中提取黑色素液。这是历代王朝宫廷贡品酒，由于珍稀名贵，故又有"黑珍珠"之美称。

⑭房县黄酒。湖北省十堰市房县，有一种"房陵黄酒"比绍兴黄酒还早400年。房陵黄酒只能用房县的小曲、房县的糯米、房县的溪水和地下水酿造。只有在房县的土地上，才能酿制出独特的珍贵佳品，古称"封疆御酒""帝封皇酒"。

⑮双头黄酒。河南安阳的特产黄酒，采用了产于北方的小米和稷米，并且二者均为主料，不分主次，故名"双头黄"。

⑯白蒲黄酒。苏派黄酒代表。始建于东晋义熙七年（公元411年）的白蒲镇是著名的长寿之乡，江苏百家名镇之一，著名的黄酒之乡，清爽型黄酒的发源地。

⑰苏州同里红。苏派黄酒代表，有"同里状元红""吴工酒坊""红醉江南"等老字号，还有创新的薏米黄酒"同薏酒"。

7.2 中国白酒基础知识

中国白酒品类、酒种之多，文化之久远，是全球罕有的。可以说，白酒和书法、国画、古乐、诗词一样，也是最能代表中国传统文化的元素之一。并且，中国诗酒文化从来都是交融同辉的。

白酒是指以粮食为原料，以大曲、小曲、麸曲等为糖化发酵剂，经过蒸煮、糖化、发酵、蒸馏而制成的几乎无色的蒸馏酒。1949年以后，统一用"白酒"代替之前所用的"烧酒"等名称。

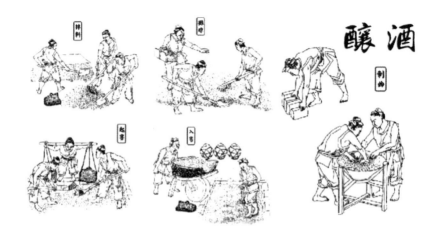

7.2.1 中国白酒起源

汉代刘向编订的《战国策》中提到，"仪狄作酒醪，杜康作秫酒"，指的是杜康造酒所使用的原料是高粱，属于真正的白酒。东汉时期的史料也有关于使用青铜器进行蒸馏制酒的记载，说明青铜器已经用于酒、药液的制造。

汉唐盛世使得欧、亚、非陆上贸易兴起，中西酒文化互相渗透交融，给中国白酒的发展增添了活力。

7.2.2 中国白酒的分类

中国白酒的种类主要以香型进行划分，在20世纪70年代初期，开始确定香型之说，当时，主流的是浓香、酱香和清香三大基础香型。如今，中国白酒的官方分类香型

有 12 种。

①浓香型。主要以高粱酿造。特点是芳香浓郁、绵柔甘洌、香味协调、入口甜、落口绵、尾净余长等，构成浓香型酒典型风格的主体是己酸乙酯。典型代表有"五粮液"。

②酱香型。又称作茅香型，属大曲酒类。其酱香突出，幽雅细腻，酒体醇厚，入口柔绵，清澈透明，色泽微黄，酯香柔雅，先酯后酱，空杯留香持久，回味悠长。典型代表有"茅台酒"。

③清香型。属大曲酒类。特点是入口绵，落口甜，香气清正。余味爽净，无杂味，亦可称酯香匀称。清香型可以概括为"清、正、甜、净、长"五个字，清字当头，净字到底。典型代表有"汾酒"。

④米香型。又称作蜜香型，属小曲香型酒，一般以大米为原料。特点是米酿香明显，入口醇和，饮后微甜，尾子干净。典型代表有"桂林三花酒"。

⑤凤香型。发源于陕西省凤翔县，我国古代名酒之一。主要以高粱为原料，将大麦和豌豆制成的中温大曲或麸曲与酵母置于土窖中发酵。特点为无色，清澈透明，醇香秀雅，甘润挺爽，诸味协调，尾净悠长，即清而不淡，浓而不酽，融清香、浓香优点于一体。典型代表有"西凤酒"。

⑥药香型。药香型白酒将大曲与小曲并用，并在制曲配料中添加了多种中草药。特点是无色、清澈透明，有较浓郁的醋类香气，药香突出，带有复合香气，入口能感觉出酸味、醇甜，回味悠长。典型代表有"董酒"。

⑦兼香型。兼香型白酒又称复香型、混合型白酒，是指具有两种以上主体香的白酒，具有一酒多香的风格。典型代表有"白云边"。

⑧特香型。大曲原料由面粉、麦麸、酒糟按一定比例混合均匀而成，以整粒大米为主要原料，大米不经粉碎，整粒与酒醅混蒸，使其香味直接带入酒中，丰富了其香味成分。典型代表有"四特酒"。

⑨豉香型。主要以大米为原料，是广东沿海地区独有的小众香型，因突出的豉香味而得名，口味醇和，余味甘爽。典型代表有"玉冰烧"。

⑩芝麻香型。以高粱为主料，小麦、大米为辅料的特别香型。其以芝麻香为主体，兼有浓、清、酱三种香型之所长，酿造技术难度大，酿造条件要求高。典型代表有"景芝酒"。

⑪老白干香型。以高粱为原料，纯小麦中温曲，原料不含润料，不添加母曲。特点是香气清雅，自然协调，绵柔醇调，回味悠长。典型代表有"衡水老白干"。

⑫馥郁香型。以高粱、大米、糯米、玉米和小麦为原料，并用大曲和小曲为糖化发酵剂，泥窖固态发酵，清蒸清烧。分段摘酒，分级贮存，集浓、清、酱三大香型于一身。特点是清亮透明，芳香秀雅，绵柔甘洌，醇厚细腻，后味怡畅，香味馥郁，酒体净爽。典型代表有"酒鬼酒"。

◉ 7.3 威士忌基础知识

威士忌（英语 Whisky，爱尔兰语 Whiskey），由大麦等谷物经发酵后蒸馏酿制，并在橡木桶中陈年多年，再由酿酒师调配成的烈性酒，酒精度通常在 43% ～ 60% 之间。

7.3.1 威士忌的起源

关于威士忌的起源，目前没有确切的史实。英国人称威士忌为"生命之水"，认为威士忌起源于苏格兰。苏格兰威士忌协会（Scotch Whisky Association）认为，苏格兰威士忌是从一种名为"Uisge Beatha"（意为"生命之水"）的饮料发展而来的。苏格兰历史学家更是搬出最早的有关用大麦酿造蒸馏酒的文字记载来捍卫他们的观点。例如，1494 年的英国国库编年史中有这样的记载："付给修士约翰·柯尔 8 斗麦子用于酿造蒸馏酒。"（Eight bolls of malt to Friar John Corwhere with to make a qua vitae）

这些麦子足够生产1 000多升酒。

爱尔兰人也一直争认自己是威士忌鼻祖，爱尔兰历史学家认为：传教士圣·巴特里克（St Patrick）来到爱尔兰，劝说爱尔兰人信奉基督教，同时把来自中东的蒸馏技术带到了爱尔兰（中东人把从中国学到的蒸馏酒技术用于蒸馏香水）。爱尔兰人认为成立于1608年的布什米尔酿酒厂（Bushmills），比最古老的苏格兰酿酒厂（位于爱尔兰对面的艾雷岛）要早几十年。他们还证明酒厂在正式成立之前，爱尔兰已经有几十年的酿酒历史，并引用英国1602年出版的《彭布罗克郡纪实》（*The Description of Pembrokeshire*）中的话来证明，"从爱尔兰来的移民大多曾经是手工业者，他们生产出了大量的'蒸馏酒'，然后用马和骡子驮着在英国贩卖"。

事实上，无论威士忌是苏格兰人发明的还是爱尔兰人发明的，他们都必须承认一点，就是"生命之水"有一个共同的祖先——中国的蒸馏酒。而苏格兰人或爱尔兰人只不过发明了将酒放入橡木桶陈年这个步骤。

7.3.2 威士忌的分类

威士忌主要根据国家、原料、入桶陈年时间等划分种类。

①按产国分。爱尔兰威士忌、英国（苏格兰）威士忌、美国威士忌、加拿大威士忌、瑞典威士忌、日本威士忌、中国威士忌等。

②按原料分。单一麦芽威士忌、谷物威士忌、黑麦威士忌、混合威士忌等。

③按原酒在橡木桶中的陈年时间分。数年到数十年不同年限的年份威士忌。例

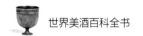

如，"麦卡伦 12 年"，12 年是指原酒在橡木桶里的陈年年限。

注：苏格兰有关威士忌的法规规定威士忌在橡木桶中的陈年时间不得少于 3 年。

7.3.3 威士忌的酿造工艺过程

7.3.3.1 发芽

将去除杂质的麦类或其他谷类浸泡在温水中使其发芽，发芽过程一般需要 1 ~ 2 周的时间，发芽后再将其烘干（苏格兰人喜欢使用泥煤熏干），等冷却后再储放大约一个月，完成整个发芽的过程。

7.3.3.2 糖化

发芽后的麦类或谷类放入特制的不锈钢槽中捣碎并煮熟成汁，过程持续 8 ~ 12 h，磨碎的过程相当重要，温度及时间的控制体现了工艺技术和酿酒水平。保证恰到好处的温度和时间才能得到最高品质的麦芽汁（或谷类的汁）。

7.3.3.3 发酵

向冷却后的麦芽汁中加入酵母菌进行发酵，酵母能将麦芽汁中的糖转化成酒精，完成发酵过程后，麦芽汁会产生酒精度为 5% ~ 6% 的酒液，此时的酒液被称为 "Wash" 或 "Beer"。不同酿酒师、不同的威士忌品牌会使用不同种类的酵母和数量。

7.3.3.4 蒸馏

当麦类或谷类经发酵形成低酒精度的 "Beer" 后，还要经过蒸馏才能形成烈性酒。威士忌原酒的酒精度为 60% ~ 70%，被称为 "新酒"。不同的麦类与谷类原料，所使用的蒸馏方式也有所不同。

由麦类制成的麦芽威士忌采取单一蒸馏法，即以单一蒸馏容器进行二次蒸馏，在第二次蒸馏后，将冷凝流出的酒去头掐尾，只取中间的 "酒心"（Heart），如此便得到威士忌新酒（这和很多中国白酒的酿制工艺一致）。

由谷类制成的威士忌采取连续式的蒸馏方法，使用两个蒸馏容器以串联方式一次连续进行两个阶段的蒸馏。各个酒厂在筛选 "酒心" 的量上，并无固定统一的比例标准，完全依据各酒厂的酒品要求自行决定。

7.3.3.5 陈年

蒸馏过后的新酒使用橡木桶陈年，这也就是威士忌与其他国家的蒸馏烈酒的区别之处。陈年的作用是逐渐降低高浓度酒精的强烈刺激感，同时吸收木桶的天然香气，并产生漂亮的琥珀色。

7.3.3.6 调配混配

各个酒厂的酿酒师和调酒师，将用不同原料酿造的原酒，按照不同比例搭配，调配勾兑出不同口味的威士忌。而对于单一麦芽威士忌，调酒师可能会选择混合不同年份、不同橡木桶陈年的基酒来调制。

7.3.4 威士忌的主要产地

①英国（苏格兰、威尔士）。英国（苏格兰、威尔士）是目前世界上主流优质品牌单一麦芽威士忌的主产国，苏格兰对威士忌产业有比较严谨的法律规范。

②美国、加拿大。美国是世界上威士忌产量第一和消费第一的国家，加拿大次之。加拿大称威士忌为"Scotch Whisky"，而美国人则喜欢称威士忌为"Whiskey"。

③日本。"二战"后的日本学习苏格兰，大力发展威士忌产业，出现了多家主要由英美财团提供资金支持的威士忌酒厂，如三得利集团属下的威士忌酒厂。21世纪后，日本的单一麦芽威士忌，有若干品牌已经和苏格兰顶级品牌齐名。

④爱尔兰、瑞典。爱尔兰、瑞典也出品比较优质的单一麦芽威士忌。

⑤其他国家。一些英联邦国家，如新西兰、印度，也出品威士忌，大多都学习英国的工艺。

7.3.5 中国有威士忌吗

中国当然有威士忌。目前原产中国的威士忌，以来自台湾宜兰县的葛玛兰威士忌最为有名，该厂沿用苏格兰、日本的工艺技术理念，出品的单一麦芽威士忌已经成为国际优秀品牌。

英国高朗烈酒集团已经在我国湖南省浏阳市（2019年4月）启动了中国高朗威士忌酒厂的建设。很快，湖南的威士忌也将在市场中出现。

在我国西藏、青海和云南等地区，最近十多年来，也涌现了一批以谷物威士忌为产品的酒厂，他们大多使用青稞为原料，著名品牌有香格里拉酒业的圣地豪情青稞威士忌，青海互助青稞。

香格里拉
在藏语中意为"心中的日月"

HOLY LAND
为圣地之意，美好的象征

六字箴言
酒标将六字箴言"唵嘛呢叭咪吽"的符号图形化，引申为"保持身心像莲花一样纯洁，出淤泥而不染"

梅里雪山
将"卡瓦博格峰"造型融入瓶底，金色的酒液如阳光照映在雪山之上，形成美妙的"日照金山"奇观

7.3.6 威士忌的饮用方法

①纯饮。纯饮适合单一麦芽类的，以及高品质的威士忌。将威士忌倒入专业酒杯中，慢慢享受酒香层次的芳香弥漫，感受琥珀色的液体滑过喉咙融入身体。

②加水。加水喝是全世界最"普及"的威士忌饮用方式，即使在苏格兰，加水饮用也极为普遍。加水能让酒精味变淡，引出威士忌潜藏的香气。

③加冰。这种饮法在英国叫"on the rock"，目的是减弱酒精刺激，又不稀释威士忌的浓度。加冰的好处是抑制酒精味，坏处是将酒降温使部分香气闭锁。

④加汽水（苏打水、可乐等）。这种饮法被称为"Whiskey Highball"，在北美比较流行。

⑤加绿茶。"加绿茶"可能是中国人的创新饮法，很可能和绿茶的品牌公司有关。这种饮法在夜店比较受年轻人青睐，就享受美酒而言，确实新潮。

⑥传统热饮法（北欧）。由于苏格兰以及北欧等地气候寒冷，很多人在冬季会将威士忌作为基酒，加入柠檬汁、蜂蜜、红糖、肉桂和热水，好喝又祛寒。据说此类饮法可以治疗感冒。苏格兰还有各类调配"热饮威士忌"（Hot Toddy）的传统威士忌酒谱。

中国人在冬季温热黄酒、白酒，加入各种药材温热喝，这与法国人在冬季向葡萄酒中加入药材煮热喝是异曲同工！

7.4 干邑基础知识

干邑，原是法国西南部夏朗德省（Charentes）的一个市镇的名字，因为生产传统的世界八大名酒之一——干邑白兰地，逐渐成为这个产区的白兰地酒名。类似于"干邑"这样以地理名称命名的"地域特产酒"，还有法国香槟、中国茅台。

成立于1946年的法国国家干邑行业管理局（BNIC），负责管理整个干邑产区的葡萄种植、酿造监督和商业推广。管理产区关联企业：约5000家葡萄种植园、110家酒厂和近300家酒商。

7.4.1 干邑起源

16世纪中叶，为便于葡萄酒的出口，避免长时间的海运造成葡萄酒变质，减少海运的船舱数量和各项成本，法国干邑镇的酒商把葡萄酒蒸馏浓缩后出口。当时，荷兰人称这种酒为"Brandewijn"，意思是"燃烧的葡萄酒"（burnt wine）。

7.4.2 干邑葡萄品种

BNIC规定，用于生产葡萄蒸馏酒的葡萄酒必须用下列葡萄品种：白玉霓（Ugni Blanc）、赛美蓉、鸽笼白（Colombard）、白福尔（Folle Blanche）、蒙蒂尔（Montils）。

7.4.3 干邑的工艺

　　干邑的工艺规定严谨，相应的"农事法典"，对单产量、葡萄运输、压榨、发酵、带蒸馏原酒、蒸馏（蒸馏期、蒸馏过程、蒸馏方法、蒸馏设备、设备尺寸、加热方式、酒精度、变更产地、陈年时间）等有全面细致的规定。

　　干邑采用间断性两次蒸馏法。规定只有使用两次蒸馏法蒸馏当年出产的葡萄酒获得的葡萄蒸馏酒，才允许使用原产地监控命名"干邑"。

7.4.4 干邑的等级划分

BNIC 从 2018 年 4 月 1 日起实施最新的干邑等级划分法，依据在橡木桶中陈年的时间（由低到高）将干邑分为以下几类。

①VS（Very Special）。VS 又叫三星或 Luxury，最年轻基酒在橡木桶中陈年至少 2 年。

②VSOP（Very Superior Old Pale）。最年轻基酒在橡木桶中陈年至少 4 年，VSOP 的干邑又称 Old 或 Reserve。

③Napoleon。最年轻基酒在橡木桶中陈年至少 6 年。

④XO（Extra Old）。最年轻基酒在橡木桶中陈年至少 10 年。

⑤其他 XO 品类。最年轻基酒在橡木桶中陈年至少 10 年。包括 Horsd'Age、Extra、Ancestral、Ancetre、Or、Gold、Imperial。

⑥特殊级别。Vintage Cognac（年份干邑），采用单一年份的干邑原酒调配而成，会在酒标上标注对应的葡萄采收年份。很少有酒厂会生产年份干邑。

7.5 雅文邑基础知识

7.5.1 雅文邑起源

雅文邑起源于法国西南部，波尔多地区西南的加斯科涅地区（Gascogne），此地由于出品当地特别的白兰地蒸馏酒，后被称为雅文邑地区。

雅文邑蒸馏酒的前身，可追溯至 1310 年，梵蒂冈图书馆的古籍藏书称一种叫作 "I'Aygue Ardente" 的酒有 40 种益处，该书详细描述生产此类酒的地区（雅文邑产区）的年产量只有约 540 万瓶，而仅仅在产区本地的饮用消耗就约 120 万瓶。和法国著名白兰地烈酒干邑以及苏格兰威士忌相比，雅文邑在产量规模上简直是微不足道。所以，雅文邑在很多国家都鲜为人知。

7.5.2 雅文邑的葡萄品种

用于酿造雅文邑的葡萄品种主要有 4 种：白玉霓、白福尔、鸽笼白（种植规模较小）和巴克（Bacco，这是一个让人欢喜让人忧的杂交品种）。

7.5.3 雅文邑的风土特征

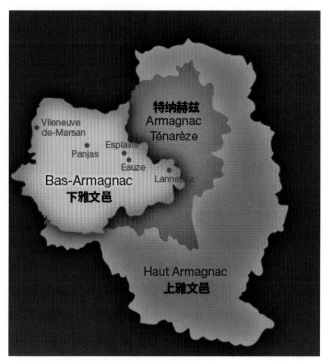

雅文邑产区分为上雅文邑地区（Haut-Armagnac）、特纳赫兹产区（Ténarèze）和下雅文邑地区（Bas-Armagnac）。上雅文邑地区是丘陵地貌，土壤是富含钙质的泥灰土质；特纳赫兹产区，葡萄园多在山坡上，土壤多是砂砾、泥质沙土和石灰石黏土；下雅义邑地区，土地较为平坦，主要是呈浅黄褐色的沙土地，含有丰富的铁质矿石。

雅文邑产区虽小，但是丰富多样的土壤特性和地质地貌使得产品风格异常丰富。

7.5.4 雅文邑的工艺

与干邑最大的不同是，雅文邑只进行一次蒸馏，而干邑进行二次蒸馏。雅文邑的蒸馏过程主要使用雅文邑连续蒸馏管，一次蒸馏需要谨慎把握好蒸馏"酒头"（最先蒸馏出来的酒液）和"酒尾"（最后蒸馏出来的酒液）的温度。

雅文邑的独特风格，在很大程度上，体现了橡木桶的陈化过程，大部分雅文邑只使用由加斯科涅地区木材制成的木桶。通常，新酒使用新桶开始陈年，随后转入较旧的木桶。

对比干邑地区，雅文邑的陈年酒窖相对潮湿，在较为潮湿的酒窖中，酒精不容易蒸发，因此，雅文邑的酒厂使用干湿交替的酒窖储藏陈年。

原酒减兑，雅文邑通常使用蒸馏水、脱矿水或者酒精度 16%～18% 的低度数雅文邑酒液混合调配，最后形成酒精度 40% 左右的成品。一些酒厂会使用被称为"天

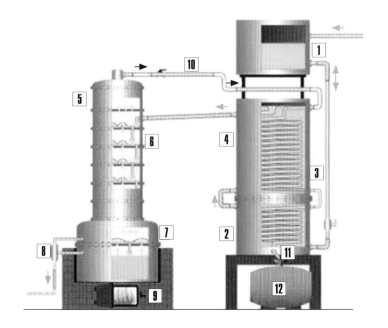

1—葡萄酒注入总控箱　　5—蒸馏塔／柱　　9—炉

2—冷却　　　　　　　　6—蒸馏塔板　　　10—鹅颈管

3—蛇形管　　　　　　　7—锅炉　　　　　11—白兰地灌注

4—加热（葡萄酒）　　　8—蒸馏流　　　　12—雅文邑存储桶

使之享"的工艺，即采用未经减兑的雅文邑，使用自然手段，用非常长的时间，通过酒精蒸发使度数自然降低（通常在潮湿的酒窖中的陈年老桶、玻璃瓶或不锈钢容器中，酒精难以挥发，因而保留了最初的酒精度，通常为42%～48%）。同时也因为未经稀释，酒液的香气更为浓郁，此类雅文邑广受酒迷的追捧。

7.5.5 雅文邑产品风格特征

①上雅文邑地区。产量相对较少，个性刚烈质朴。

②特纳赫兹。个性迥异、丰富，拥有强烈的紫罗兰和香料味。这个产区的新酒刚劲有力，陈年后有非常柔美的复杂口感。产区中部种植大面积的白玉霓和鸽笼白。

③下雅文邑地区。本区有着最为精细、强烈而馥郁的香气表现，李子干味、橙皮味、香草味和出色的优雅感，是下雅文邑的标志。巴克葡萄在此地区表现最为出

色。下雅文邑的产品需要更长的陈年时间才能表现得更丰富。

7.5.6 雅文邑的酒标年份

雅文邑酒标有些会标注年份，雅文邑法规规定，所有酒液都来自酒标所标示的年份，并且酒液至少在橡木桶中陈年 10 年，才可以称为年份雅文邑，年份雅文邑属于品质卓越的酒。

7.5.7 雅文邑的等级划分

雅文邑根据装瓶调配的最年轻的酒液陈年时间划分为 7 个等级：

① Blanche。未经橡木桶陈年的雅文邑新酒。

② VS（Very Special）。橡木桶中陈年时间长于 1 年。

③ VSOP（Very Superior Old Pale）。橡木桶中陈年时间长于 4 年。

④ Napoleon。橡木桶中陈年时间长于 6 年。

⑤ XO 和 Horsd' Age。橡木桶中陈年时间长于 10 年。

⑥ Age Indicated。指在酒标上标示了最年轻酒液的"年龄"。

⑦ Vintages 年份雅文邑。橡木桶中陈年时间长于 10 年，且所有酒液必须来自酒标所标示的单一年份。

⚙ 7.6 波特酒基础知识

波特酒（英语 Port，葡萄牙语 Porto），属于酒精加强葡萄酒的一种，区别于其他加强酒。波特酒是在发酵结束前，也就是在葡萄汁发酵的过程中加入葡萄蒸馏酒精。成品波特酒的酒精度通常为 17% ～ 22%。

波特葡萄酒协会（IVDP）对波特酒的定义：波特酒必须是符合欧盟规定的一种加强葡萄酒。葡萄种植和酿造过程，都必须在葡萄牙的杜罗河谷（Douro Valley）法定产区内完成。在传统的葡萄酒酿造工艺的基础上，波特酒酿酒师通过添加白兰地中止发酵。根据工艺和陈年时间的不同，波特酒发展出众多的种类。

7.6.1 波特酒起源

波特酒是葡萄牙国酒，由英国人发明。

波特酒起源于杜罗河谷下游的葡萄牙第二大城市——波尔图。几百年来，英国及荷兰的酒商就在这里采购杜罗河谷上游产区的葡萄酒，然后用船运回波尔图或者英国。17 世纪末期，英法战争致使英国酒商大量进口葡萄牙酒，由于海运的时间较长，英国酒商为了维持葡萄酒的品质，向葡萄酒中加入白兰地烈酒。他们认为这种方法可以令脆弱的静止葡萄酒经受住海上颠簸。由于此酒甜度很高，人们本来认为其只能搭配餐后甜点，然而，杜罗河谷产区的葡萄酒在加入白兰地后，酒体更为丰满、风味更为浓郁，因而享誉世界，最后形成了波特酒。

7.6.2 波特酒产区

杜罗河是一条东西流向的河流，整个河谷可分为3部分，即下游产区（Baixo Corgo）、上游产区（Cima Corgo）和超级杜罗河产区（Douro Superior，靠近西班牙边界）。

①下游产区。气候最为潮湿和凉爽，出产轻盈的宝石红波特酒和茶色波特酒。

②上游产区。沿着Pinhao城镇分布，降雨较少，夏季平均气温较高，出产的波特酒品质最高。这个产区几乎汇聚了所有知名波特酒庄和葡萄园，盛产优质茶色波特酒、晚装瓶年份波特酒（LBV）、年份波特酒。

③超级杜罗河产区。气候最为炎热和干旱，波特酒产量不大。

7.6.3 波特产区葡萄园的分级

葡萄牙法律规定，产区的葡萄园都要登记在案，并且每年更新登记。根据葡萄园位置、朝向、海拔、坡度、土壤类型、面积、种植葡萄品种、产量等 12 项评判标准，葡萄园可划分为 A ～ F 六个等级，满分 2 031 分，A（不低于 1 200 分）是最高级，F（200 分以下）是最低级。

7.6.4 波特酒 Beneficio 体系

波特葡萄酒协会根据葡萄园的级别、年份好坏、现有存货，规定每个酒庄每年可生产波特酒的数量，A 级葡萄园获得的分配量最高，F 级最低，这就是世界独有的 Beneficio 体系。简单地说，这是一个限产的法律，也就是说，波特酒不是想酿多少就能酿多少的，酒庄的产量由法律规定。

7.6.5 波特酒的葡萄品种

葡萄牙相关法律规定共有 80 多种葡萄可以用来酿制波特酒。其中最常见的红葡萄品种：图瑞卡法兰卡（Touriga Franca）、国家图瑞卡（Touriga Nacional）、罗丽红（Tinta Roriz）、丹魄（Tempranillo）、红巴罗卡（Tinta Barroca）、猎狗（Tinto Cao）。最常见的白葡萄品种：舍西亚（Sercial）、玛尔维萨（Malvasia）。

7.6.6 波特酒工艺

①萃取和发酵。葡萄汁发酵两到三天后添加白兰地中止发酵过程，因而相比于常规葡萄酒发酵时间较短。传统波特酒酒庄会用脚踩压葡萄来柔和萃取色素和单宁，这是最基础、最重要的环节。随着科技的发展，人们发明了封闭式自动泵送机器 Autovinifier 和电脑控制的机器人踩压机器 Robotic Lagares。不过，大部分顶级名庄和部分小酒农依然保留着脚踩的传统。

②白兰地加强。当葡萄汁发酵两三天到酒精度为 6% ～ 9% 时，酿酒师根据经验，添加酒精度高达 77% 的白兰地，此时酵母菌被杀死，酒精发酵停止。

③陈年。陈年以氧化著称的茶色波特酒时，要在炎热干燥的杜罗河谷中进行，当地人称之为"杜罗烤"（Douro Bake）。要保持葡萄酒颜色的年份波特酒，则需要选择凉爽潮湿的环境，波尔图的诺亚新城是大规模的波特酒陈年基地，整个城市的地下几乎都是陈年酒窖。当然，为了保持原产地的风味，顶级酒庄的顶级酒基本选择在原产地配备的温控陈年间进行。

7.6.7 波特酒的分类

根据陈年形式的不同，波特酒可以分为宝石红和茶色两大类别，宝石红波特酒以瓶中陈年为主，茶色波特酒使用木桶或水泥罐陈年。

7.6.7.1 宝石红波特酒

①红波特酒（Ruby Port）。风味最简单，一般在较年轻时装瓶，在桶中陈年时间

为 2 ～ 3 年，适合年轻时饮用。

②珍藏宝石红波特酒（Reserve Ruby Port）。品质高一级的宝石红波特酒，采用同一年份或多个年份、在橡木桶中陈年 5 年以上的基酒调成，颜色比普通宝石红波特酒更深。

③晚装瓶年份波特酒（Late Bottled Vintage Port，LBV）。采用同一年份的葡萄酿成的宝石红波特酒，这类波特酒在装瓶前已在桶中陈年 5 年以上。

现代风格 LBV，经过澄清、过滤和冷稳定处理，具有浓郁突出的果香，由于经过这些工艺，它通常会失去一些集中度和复杂度。

瓶陈 LBV（Bottle Matured LBV），指的是装瓶后还需在瓶中陈年至少 3 年，不经过滤就上市出售的 LBV，酒体会更加饱满，单宁感更重一些。原料越优质、陈年越久，香气就越复杂，酒体也越醇厚。

④年份波特酒（Vintage Port）。年份波特酒属于最昂贵的波特酒，约占波特酒总产量的 1%，也是唯一必须在玻璃瓶中陈年的波特酒。只有生长在 A 级葡萄园，经历一个适宜的夏季，在最佳成熟状态下采摘的葡萄，才能酿成年份波特酒。允许出品的年份波特酒必须经过 IVDP 批准，一般在陈年 2 ～ 3 年后装瓶，且装瓶前不经过滤或澄清。总地来说，平均每 10 年会有 3 个年份发布年份波特酒，年份波特酒需要在瓶中陈年很长时间才能达到巅峰。

⑤单一酒庄（单一园）年份波特酒（Single Quinta Vintage Port，SQVP）。葡萄牙语 Quinta 意为农场或庄园，SQVP 与年份波特酒酿造方法相似，但是葡萄必须产自单一酒庄，且酒庄名会出现在酒标上。

⑥沉淀波特酒（Crusted Port）。沉淀波特酒的名字源于这一类波特酒的瓶底带有大量沉淀物，是 2010 年前后由辛明顿集团发明的术语。沉淀波特酒采用多个年份的基酒调配，不经过滤，且装瓶后需要在瓶中陈年 3 年才可上市，酒体通常深沉浓郁。

7.6.7.2 茶色波特酒

①普通茶色波特酒（Tawny Port）。茶色波特酒与宝石红波特酒的陈年时间和方式相差不大，采用颜色浅、萃取时间短的基酒调配而成，产量大，通常作为餐前酒。

②珍藏茶色波特酒（Reserve Tawny Port）。用不同年份的基酒调配而成，在橡木桶中陈年 5 年以上。酒液呈黄褐色或茶色，口感、香气复杂。

③陈年茶色波特酒（Aged Tawny Port）。采用较好年份的基酒调配成的茶色波特酒，需要在木桶中陈年 6 年以上。陈年茶色波特酒通常有标注 10 年、20 年、30 年、40 年的波特酒，标注年份指的是混酿陈年茶色波特酒的基酒的平均"年龄"。

有的酒庄不写多少年，30 年以下的统称为"Old/Velho"，40 年及以上的就是"Very old/Muito Velho"，这类波特酒必须标明酒液的装瓶日期。

④年份茶色波特酒（Colheita Port）。采用单一年份的基酒酿成的茶色波特酒。葡萄牙语"Colheita"的意思是"收获"，所以酒瓶上必须标有采收年份和装瓶日期。年份茶色波特酒至少需要在桶中陈年 7 年，有的酒庄陈年时间甚至长达 20 年。

红波特酒（Ruby Port）　普通茶色波特酒（Tawny Port）　珍藏茶色波特酒（Reserve Tawny Port）　陈年茶色波特酒（Aged Tawny Port, 10/20/30/40 年）

年份茶色波特酒（Colheita Port）　晚装瓶年份波特酒（Late Bottled Vintage Port）　单一园晚装瓶（Single Vinegard LBV）　年份波特酒（Vintage Port）　单一园年份波特酒（Single Quinta Vintage Port）　白波特酒（White Port）

7.6.7.3 其他波特酒

①白波特酒（White Port）。白波特酒有干型和甜型之分。干型白波特酒的酒标为"Leve Seco"，甜型白波特酒的酒标为"Lagrima"，"Lagrima"的意思是"泪"，形容酒液十分黏稠。

白波特酒根据不同的原料、陈年时间以及制作方式而呈现出完全不同的风格，但往往都具有明显的鲜花、蜂蜜和坚果的香气。白波特具有金黄的颜色，饱满的酒体，以及较低的酸度，酒精度为中等的 16.5% ～ 17%，通常陈年 2 ～ 3 年后就可以上市。

②酒窖珍藏波特酒（Garrafeira）。酒窖珍藏波特酒具有由尼鹏酒庄创造的一个独特的波特酒风格，并在 2002 年获得波特葡萄酒协会官方认证，成为顶级波特酒的潮流。酒窖珍藏波特酒先要在大橡木桶中陈年 7 年或以上，再在细颈大玻璃瓶（Demi-john）中陈年最少 7 年，最后经过滤、装瓶出售。大部分尼鹏酒庄的波特酒在玻璃瓶中陈年超过 20 年。

酒窖珍藏波特酒的葡萄来自同一年份和同一酒庄园区，酒标上必须标注葡萄采收年份、装入玻璃瓶中陈年的时间，以及装入酒瓶中的时间。

③桃红波特酒（Rose Port）。桃红波特酒是波特酒大家族中十足的"新人"。2008年才获得波特葡萄酒协会认可。桃红波特酒的颜色来自压榨时的轻微浸渍，在酿造过程中要避免与氧气接触，口感柔和是其特点。

7.7 马德拉酒基础知识

马德拉酒，属于酒精型加强酒。马德拉酒产于大西洋上葡萄牙属地马德拉岛，也是世界上酒种名称和产区名相同的酒名之一，相同的还有法国香槟、西班牙雪莉、葡萄牙波特、意大利玛萨拉、中国茅台（酱酒）。区别于其他加强酒，马德拉酒带有氧化味，因为它是被"热化"制作出来的，被誉为"不死之酒"，质量好的马德拉酒开瓶后一两个月再喝都没有问题，故马德拉酒被认为是世界上生命力最强的葡萄酒。

7.7.1 马德拉酒起源

马德拉岛是1419年才由葡萄牙探险家扎科发现的，相传马德拉岛的葡萄树种植技术是从葡萄牙、西班牙和非洲大陆传过去的，马德拉酒最早的有据可查的酿酒记录是1753 年。

7.7.2 马德拉岛风土

马德拉"Madeira"，葡萄牙语的意思是"树木"，马德拉岛上森林密布，树木

众多，故得此名。马德拉岛是大西洋中的一座火山岛，距离葡萄牙首都里斯本约1 200 km。马德拉岛呈东西走向，长约 55 km，宽约 22 km，海拔最高处有 1 861 m。气候温热潮湿，全年温度为 16～22℃，秋天和冬天是雨季，以火山质土壤为主，偏酸性且富含矿物质。

　　岛上大部分葡萄园都位于岛屿北部地势陡峭的高海拔地区，采用梯田的耕种方式，形成了马德拉岛独特的风景。

7.7.3 马德拉酒主要葡萄品种

　　虽然马德拉酒的酿酒葡萄既有红葡萄品种，也有白葡萄品种，但其没有红、白之说。如果马德拉酒的酒标上标注了葡萄品种，则酿酒的葡萄至少有 85% 为标注的葡萄品种。

　　舍西亚（Sercial）、华帝露（Verdelho）、布尔（Bual）、玛姆奇（Malmsey），这四种葡萄被称为四大马德拉贵族品种。而马德拉岛上产量最大的葡萄品种是黑莫乐（Negra Mole），以上品种详细介绍见第 9 章"产区等级篇"。

7.7.4 马德拉酒特色葡萄品种

①科姆雷（Complexa）。科姆雷颜色比黑莫乐颜色更深，单宁更为柔和。

②特伦特（Terrantez）。特伦特是马德拉岛上历史悠久，早前却濒临灭绝的白葡萄品种，虽然最近十多年兴起一小股复兴潮流，但产量依然非常稀少。百年以上的老年份马德拉酒大部分用的是这个葡萄品种，口感干爽、结构丰腴。

7.7.5 马德拉酒工艺

①发酵。发酵工艺与其他葡萄酒发酵工艺一样，但舍西亚和华帝露通常不带皮发酵，而布尔等其他品种通常会带皮发酵。

②加强。在发酵过程中，加入酒精度为 96% 的葡萄蒸馏酒，中止发酵，得到酒精度为 17% ～ 18% 的原酒，酿酒师可选择中止发酵的时间，制作干型至甜型马德拉酒。

③马德拉化（Maderization）。马德拉酒的独特之处，就是通过长时间对酒进行低温加热，使酒具有焦糖的风味。低端的马德拉化被称为 Estufa（将酒加温到 45 ～ 50℃，加热时间至少为 3 个月）；高级的马德拉化被称为 Canteiro（通过自然的加热方式，将马德拉酒装在橡木桶里，陈放在温暖的酒窖里，持续的时间会比较长，能够增加马德拉酒的风味复杂度，但保持有新鲜的水果香气，焦糖风味更自然，5 年的 Canteiro 只相当于 3 个月的 Estufa）。

④玻璃瓶储。为防止酒过度氧化，高品质的马德拉酒会转移到一种叫 Demijohn 的矮胖玻璃瓶中，慢慢熟化，这个过程甚至需要 100 年以上。

7.7.6 马德拉酒等级

①散装马德拉酒（Bulk Wine）。这是最基础的马德拉酒，在 2002 年后被禁止原酒出口，目前有部分加入了盐和胡椒作为调料的散装马德拉酒被允许出口。

②三年珍藏马德拉酒（Three Years Old Reserve）。一种混合调配出来的无年份马德拉酒，主要用不锈钢酒桶陈年，平均熟化时间为 3 年，也被称为 "Finest"，大部分由黑莫乐和科姆雷酿造而成。

③五年珍藏马德拉酒（Five Years Old Reserve）。一种混合调配出来的无年份马德拉酒，平均熟化时间为 5 年，这种酒主要用四大贵族品种的次等葡萄酿造。

④十年特别珍藏马德拉酒（Ten Years Old Special Reserve）。主要由四大贵族葡萄品种酿造，一般采用 Canteiro 马德拉化工艺，使用木桶陈年，平均熟化时间为 10 年。这类酒一般也是混合调配出来的无年份马德拉酒，瓶身标注葡萄品种。

⑤十五年特级珍藏马德拉酒（15 Y.O Extra Reserve）。无年份的调配型马德拉酒，

平均熟化时间为 15 年，是较为珍稀的品种。

⑥索雷拉马德拉酒（Solera Wine）。使用与西班牙雪莉酒如出一辙的索雷拉陈酿体系（Solera System）酿制而成的无年份的调配型酒。

⑦单一年份马德拉酒（Colheita/Harvest）。由单一年份葡萄酿造而成，橡木桶陈年至少 5 年才能装瓶。Colheita 和 Harvest 都属于单一年份马德拉酒，区别是 Harvest 一般要在橡木桶中陈年 5 ~ 10 年，而 Colheita 以前要求至少陈年 12 年，新的法例规定最低陈年 6 年。

⑧年份马德拉酒（Frasqueira/Vintage）。马德拉酒中的最高等级。年份马德拉酒必须由单一年份、单一葡萄品种酿成，要在橡木桶中至少陈年 20 年，然后在 Demijohn 玻璃瓶中继续熟化，此类年份马德拉酒具有极强的抗氧化性，可以存放 100 年以上。

除了以上分类，个别酒厂、酒庄还有一些非常罕见的马德拉酒品类，例如更老年份的无年份马德拉酒（20/30/50 Year Old）、雨水马德拉酒（Rainwater）、爱瓦达马德拉酒（Alvada）、多品种混合马德拉酒、单一葡萄园马德拉酒、单一木桶马德拉酒等，这些目前尚无系统的法例界定。

7.8 雪莉酒基础知识

雪莉酒是由西班牙语赫雷斯（Xerez-Jerez）的通俗化谐音转译而逐渐形成的酒名，和干邑、香槟、马德拉、茅台一样，雪莉既是产区名字又是酒的名字。赫雷斯位于西班牙南部安达卢西亚（Andalucia）海岸的一个小镇上。雪莉酒因为被英国著名文学家莎士比亚比喻为"装在瓶子里的西班牙阳光"而闻名世界。雪莉酒的法定产区将其命名为雪莉葡萄酒和桑卢达尔·巴拉梅达陈年白葡萄酒（Manzanilla de Sanlucar de Barrameda）。

7.8.1 雪莉酒起源

雪莉酒是世界上最古老的存酒之一，并且至今仍在生产。据传其由公元前 8 世纪的腓尼基人发明，安达卢西亚的阿拉伯语中雪莉斯（Scheris）的发音和腓尼基人说雪莉酒的语音相同。

7.8.2 雪莉酒产区风土

雪莉酒主产自上赫雷斯地区（Jerez Superior），此地被称作白土地（Albariza），因为这里的土壤富含白垩。整个产区南邻地中海，属于地中海气候，夏季炎热干燥，冬季温和多雨。

7.8.3 雪莉酒的葡萄品种

帕诺米诺（Palomino de Jerez），佩德罗·西门子（Pedro Ximenez，PX），麝香葡萄（Muscat of Alexandria、Moscatel Grodo Blanco）。

7.8.4 雪莉酒的分类

雪莉酒以酿造过程中"开花"或"不开花"为分类标准。开花指在酿酒过程中，有些酒的表面会浮上一层白膜。有白膜的是开花，例如菲诺（Fino）雪莉，味道不是很甜，但轻快爽利，通常用作餐前酒。

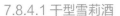

不开花当然就是没有白膜的，称作奥罗索（Oloroso），味道浓郁、甜美，酒精度较高（一般为17%～22%），通常作为饭后酒。

7.8.4.1 干型雪莉酒

①菲诺。采用帕诺米诺葡萄制造，呈淡麦黄色，带有清淡的香辣味。酒精度约为15.5%，酒龄为5～9年。

②曼萨尼亚（Manzanilla）。产于海边的圣路卡（Sanlucar）的菲诺型不甜酒，因为盐分和湿气的关系，酒质更紧密细致，酒龄为5～9年。

③阿蒙提亚多（Amontillado）。进一步成熟的菲诺酒，呈琥珀色，带有类似杏仁的香味。酒精度为17%左右。陈化期较长，酒龄为10～15年。

④奥罗索（Oloroso）。具有醇厚、浓郁的香味，有甜味和略甜两种，酒精度为18%～20%。浓甜的奶油型雪莉以奥罗索为基酒调配而成。

⑤高度酒（Vinos Generosos）。酒精度超过20%。

⑥烈性高度酒（Vino Generoso de Licor）。酒精度超过25%。

7.8.4.2 甜型雪莉酒

PX葡萄或麝香葡萄酿制的甜酒，陈年时间较长，5～50年不等。

7.8.4.3 混合型雪莉酒

通常由较低品质的雪莉酒和奶油、香草等混合而成，是各种甜品的好搭档。

7.8.5 雪莉酒的工艺（干型风格）

①日晒／风干。曝晒时间凭经验而定。

②榨汁。雪莉酒产区大部分酒农会沿用古老的榨汁方法——脚踩，有些酒庄会

使用电脑控制的机器人踩压机器。经日晒或者风干的葡萄，会被放入压榨机中压榨，然后混合发酵。葡萄渣用水湿润后，连续进行多次压榨，所得原汁另外发酵、蒸馏做白兰地。

③发酵。雪莉酒通常使用 480 ～ 500L 的橡木桶发酵，在发酵停止时马上换桶，将沉淀在主发酵桶底下的大量酒脚和新酒分开。换桶后的葡萄酒还残存少量糖分，仍可在发酵桶中持续发酵，此过程称为后发酵，一般持续两三个月。

④加强。加白兰地混合。通常，在春天往还没有完全终止发酵的酒液中添加白兰地，酒厂基本会选用由自己的葡萄榨汁、蒸馏而成的白兰地（酒精度为76% ～ 78%），这个过程基本采用虹吸法。

⑤换桶除渣。在添加白兰地后，等待酒静置沉淀。到了夏天，重新换桶除渣，再加一次白兰地，二次加强时如果酒液不够清澈透亮，当地酒庄会使用每 16L 原酒加入 2kg 新鲜牛血或 12 个鸡蛋蛋白的方法进行澄清，也有使用皂土的，就是将皂土溶于一部分白兰或葡萄酒中，倒入酒桶静置沉淀。

⑥冷、热处理。在 50 ～ 60℃或 58 ～ 65℃的温度下，用虹吸法不断吸出清亮葡萄酒，进行 2 ～ 3 个月的处理后，把酒液转移到低温冷库－10℃的酒桶中，进行冷

处理，过滤、去渣、换桶。

⑦陈年。完成上述工序的酒液移入酒窖的木桶中，贮藏 2 ～ 4 年，陈年使得酒色逐渐变深，口味变得复杂而柔和。桶内的陈年酒生成膜以后，不再洗涤，使微生物始终保存在木桶上，让酒具有独特的酯类香气。

⑧调合装瓶。雪莉酒大部分采用分级调合方法。就是在不同年期陈酒的酒桶之间，每年一次或多次从最老酒龄的酒桶中取出一定数量的葡萄酒（一般是10% ～ 25%），然后用陈年期较短的酒补足。这样由陈到新依次调合，保证每年都有陈年老酒。这就是雪莉酒被称为"索雷拉陈年系统"的熟化方法：最老酒龄的也是最靠近地面的一排被称为 Solera（来源于西班牙语的地面），Solera 上面的橡木桶叫作 Criadera 桶，Solera 上面稍年轻的一排被称为 1st Criadera，再上面次年轻的酒液被称为 2nd Criadera，并以此类推……

🌀 7.9 玛莎拉酒基础知识

玛莎拉酒（Marsala）属于加强葡萄酒，产于意大利西西里岛，也是世界上酒种名称和产地名相同的酒之一。玛莎拉是西西里岛西南部一个港口城市的名称，西西里岛曾经长时间被阿拉伯人统治，"玛莎拉"这个的名字来源于阿拉伯语的"上帝之港"。西西里岛是多民族文化的交融之地，腓尼基人、希腊人、罗马人、阿拉伯人、诺曼人、施瓦本人、昂热人、西班牙人、热那亚人等都曾在西西里历史中留下文化的痕迹。

1969 年，玛莎拉酒获得意大利法定产区（Denominazione di Origine Controllatae, DOC）保护，是西西里岛第二个获 DOC 保护的酒种。就算你不喝酒，也有可能品尝过玛莎拉酒的味道，因为风靡全球的意大利甜点提拉米苏，必须加入玛莎拉酒才算正宗。

7.9.1 玛莎拉酒起源

关于玛莎拉酒的起源目前可信的说法是，由英国葡萄酒商人约翰·伍德豪斯（John Woodhouse）于 1770 年发明。约翰之前专门从事波特酒、雪莉酒的经销，当年他的商船停靠于玛莎拉港补给，约翰品尝到西西里岛当地人称为"perpetuum"的酒（是经过长时间保存、只在重要的场合才拿出来喝的酒），觉得非常好喝，于是采购了一批运回英国。由于担心远途运输酒质变坏，熟悉加强酒的约翰有样学样，向全部运回英国的 perpetuum 中加入白兰地。从此，如同波特酒、雪莉酒、马德拉酒的加强酒玛莎拉酒诞生了。

7.9.2 玛莎拉产区风土

玛莎拉产区，处于地中海海岛上，是典型的地中海气候，土质以火山岩为主，富含铁、钙、镁、磷等矿物质。大部分葡萄园位于山地斜坡上。西西里岛西南和南部产区常受北非季候风的影响，风大，因此酒农将葡萄种在小土坑里面，甚至堆起石头以遮挡强风。

7.9.3 主要葡萄品种

①白葡萄。格瑞罗（Grillo）、卡塔拉图（Cataratto）、樱佐里亚（Inzolia，又名Ansonica）和达玛奇诺（Damaschino），用来酿制金黄色或琥珀色的玛莎拉酒。

②红葡萄。皮娜特罗（Pignatello，又名 Perricone）、黑达沃拉（Nero d'Avola）、马斯卡斯奈莱洛（Nerello Mascalese），用于酿造红宝石色的玛莎拉酒（允许加入酒精度不高于 30% 的白葡萄酒）。

7.9.4 玛莎拉酒的分类

7.9.4.1 根据酒的色泽分类

金黄色玛莎拉（Oro Marsala）、琥珀色玛莎拉（Ambra Marsala，加入天然葡萄汁制作的糖浆甜味剂 Mosto Cotto）、红色玛莎拉（Rubino Marsala）。

7.9.4.2 根据酒中糖度（RS）分类

干型（Secco，少于 40 g/L）、半干或半甜型（Semisecco，41 ～ 100 g/L）和甜型
（Docle，大于 100 g/L）。

7.9.4.3 根据酒陈年的时间分类

①优质玛莎拉（Fine Marsala）。在木桶中陈年时间在 2 年以下，酒精度大于或等
于 17%。

②超级玛莎拉（Superiore Marsala）。在木桶中陈年时间超过 2 年，酒精度大于或
等于 18%。

③超级珍藏玛莎拉（Superiore Riserva Marsala）。在木桶中陈年时间超过 4 年，酒
精度大于或等于 18%。

④索雷拉玛莎拉（Vergine Marsala/Soleras）。使用 Solera 系统在木桶中陈年时间
超过 5 年。

⑤索雷拉珍藏玛莎拉（Soleras Stravecchio）。使用 Solera 系统在木桶中陈年时间
超过 10 年。

注：后两款的玛莎拉几乎全是干型。

🌼 7.10 龙舌兰酒基础知识

龙舌兰酒（Mezcal），世界八大烈酒之一，原产于北美洲的墨西哥，是以植物龙
舌兰（Agave）为原料经过蒸馏制作而成的一款烈酒。龙舌兰酒是墨西哥的国酒，因
为 1968 年奥运会在墨西哥举行而闻名世界，被称为"墨西哥的灵魂"。龙舌兰酒通
常被用作鸡尾酒的基酒。龙舌兰酒中分类名"特基拉（Tequila）"就是墨西哥最出名
的龙舌兰酒产地城市名称。

7.10.1 龙舌兰酒历史起源

考古证实，3 世纪中美
洲地区的印第安人已经掌
握了发酵酿酒的技术，他
们采用生活中任何可以得
到的糖分来源来酿酒。龙
舌兰多汁、糖分高，自然
而然地成为印第安人酿酒
的首选原料，龙舌兰汁发

酵后制造出来的是早年墨西哥普济酒（Pulque）。后来西班牙的殖民者将蒸馏技术带入美洲新大陆，他们尝试使用蒸馏的方式提升普济酒的酒精度，从此以龙舌兰制造的蒸馏酒应运而生，这款高酒精度的新产品，就是现在的龙舌兰酒。

7.10.2 龙舌兰酒的分类

①特基拉。只出品于特基拉地区，以一种被称为蓝色龙舌兰草（Blue Agave）的植物作为原料制造的此类产品，才有资格被冠以"特基拉"的名称，类似中国的茅台。

②普济酒（Pulque）。以龙舌兰草心为原料，经过发酵而制造出的发酵酒类，是最传统的龙舌兰酒。

③龙舌兰酒。以龙舌兰草心为原料所制造出的蒸馏酒的总称。

7.10.3 龙舌兰酒的工艺

①采摘。当龙舌兰草成熟之后，取其草心。一株龙舌兰草要生长12年才能成熟，"采摘"是把龙舌兰外层的叶子砍掉取其中心部位草心，草心最重可达70kg，充满香甜、黏稠的汁液。

②蒸烤。将这些草心切半进行蒸煮、烘烤、冷却。

③研磨除浆。传统上使用驴子或牛推动一种被称为"Tahona"的墨西哥巨磨将其磨碎。至于取出的龙舌兰汁液（"Aquamiel"，意为糖水），略掺调一些纯水之后，放入大桶中等待发酵。

④发酵。原汁液放进橡木桶或者不锈钢罐中发酵，普通酒在发酵时会使用商业酵母，发酵仅1～3天。特基拉则会使用100%的纯天然酵母，发酵时间为10天以上。

⑤蒸馏。发酵后的龙舌兰汁的酒精度为5%～7%，类似啤酒的发酵酒。蒸馏是二次蒸馏，初次的蒸馏时间为1.5～2h，酒精度约20%；第二次的蒸馏需要3～4h，

酒精度达到 55%。传统酒厂会以铜制的壶式蒸馏器进行蒸馏，现代酒厂则使用不锈钢制的连续蒸馏器。大约每 7kg 的龙舌兰草心，才可以制造出 1 000mL 的酒。

⑥陈年和调配。龙舌兰新酒是完全透明无色的，市面上的龙舌兰带颜色都是因为其在橡木桶中陈年过，或添加了酒用焦糖。墨西哥酒厂比较喜欢使用美国旧的波本威士忌酒桶。

7.10.4 龙舌兰酒的等级

①白酒 / 银酒（Blanco/Plata）。Blanco/Plata 意思是"白色"与"银色"。此类酒未经橡木桶陈年，或者在橡木桶中的陈年时间不超过 30 天。

②年轻龙舌兰（Joven abocado）。Joven abocado 意思是"年轻而顺口"。又称金色龙舌兰（Oro）。

③悠闲龙舌兰（Reposado）。Reposado 意思是"休息一下"。此等级的酒经过一定时间的橡木桶陈年，陈年时间为两个月到一年。时间越长颜色越深，口味也越浓厚。

④珍藏龙舌兰（Añejo）。Añejo 意思是"陈年过的"，指酒在橡木桶中陈年的时间超过一年；必须使用容量不超过 350L 的橡木桶封存，由政府上封条。一般来说，顶级的珍藏龙舌兰在橡木桶中的陈年时间是 4 ～ 5 年。

⑤超陈年龙舌兰。至少要在橡木桶中陈年 3 年。这个等级是在 2006 年 3 月才制定出来的。

7.11 伏特加酒基础知识

伏特加酒（俄语 Водка，波兰语 Wodka，英语 Vodka），世界八大烈酒之一，发源于俄罗斯。伏特加是以谷物或马铃薯为原料，经过蒸馏制作成酒精度最高可以达到 95%，再用蒸馏水淡化至 40% ～ 60%，并经过活性炭或其他方式过滤，而得到的一种酒体纯净、口感爽净的蒸馏酒。伏特加历来是俄罗斯和波兰的国酒，俄罗斯和波兰也是伏特加的主要生产国。瑞典、芬兰、德国、美国、加拿大和日本也生产伏特加，最近几年，中国也有企业加入伏特加生产阵营。

7.11.1 伏特加酒历史起源

伏特加酒的俄语、波兰语和英语都源自斯拉夫语的词根，意思是少量的水。伏特加发源于俄罗斯是毋庸置疑的。据俄罗斯史料记载，伊凡三世在1478年确定了俄罗斯人爱喝的这种烈酒只能由国家垄断销售。1533年，诺夫哥德的编年史中就出现了"伏特加"，当时这种蒸馏烈酒主要用来擦洗伤口，服用可以减轻伤痛。1751年，叶卡捷琳娜二世颁布的官方文件中将"伏特加"明确定义为酒精饮料。俄罗斯流传至今的古谚语称："可以没有美味的点心，但不能没有足够的伏特加；可以没有愚昧的笑话，但不能没有足够的伏特加；可以没有惊艳的女人，但不能没有足够的伏特加。"

波兰人则认为15世纪在俄罗斯出现的被称为"Gorzalka"的酒，早至8—12世纪就在波兰出现了。波兰的历史学家认为是波兰人在1400年前后发展出了最先进的蒸馏技术，用来生产酒精度更高的伏特加。1772年，波兰被分割成了三份，分别被沙俄、普鲁士和奥匈帝国占据，所以波兰人认为伏特加是在这个时期由波兰传入俄罗斯的。

7.11.2 伏特加酒的分类

①俄罗斯伏特加。以前都是以大麦为原料，如今基本采用含淀粉的马铃薯和玉米来制造酒醪和蒸馏原酒。俄罗斯伏特加的特点是将原酒蒸馏后注入白桦活性炭过滤槽中，经缓慢的过滤程序，除去原酒中所有的油类、酸类、醛类、酯类及其他微量元素，充分净化，得到非常纯净的伏特加。俄罗斯伏特加酒液透明，除酒香外，几乎没有任何其他香味，口味凶烈，劲大冲鼻，火一般的刺激。

②波兰伏特加。波兰伏特加的酿造工艺与俄罗斯伏特加相似，区别是波兰人在酿造过程中，通常会加入一些草卉、植物果实等调香原料。因而波兰伏特加酒体香气比俄罗斯伏特加更加丰富。

③中性伏特加。伏特加酒中

最主要的产品。无色无味，可以任意和各种饮料美妙地混合，增加饮品的力度，却不会改变饮料原有味道，非常适合作为基酒来使用。

④金黄色伏特加。经过了木桶陈年的伏特加。

⑤加味伏特加。一种向伏特加中加入各种颜色，甚至加入各种风味的水果、香草或者香料而制成的伏特加。

7.11.3 伏特加酒的饮用方法

①古典喝法，冷冻伏特加（neat vodka）。将伏特冰镇，冰镇后的伏特加略显黏稠，小杯盛放，口感醇厚，入口后酒液迅速蔓延，顿觉热流遍布全身。这是俄罗斯人和北欧人的惯常喝法。

②现代喝法，混合伏特加（mixed vodka）。往伏特加酒中加浓缩果汁或调配其他软饮料、低度酒，使用长杯盛放，这属于鸡尾酒，适合慢慢品味。

7.12 朗姆酒基础知识

朗姆酒（英语 Rum，西班牙语 Ron），也译作蓝姆酒、兰姆酒、糖酒。世界六大蒸馏烈酒之一，又称为火酒，绰号"海盗之酒"。在中国南方，叫冧酒。朗姆酒原产于加勒比海地区的古巴，是以蔗糖蜜为原料生产的蒸馏酒，酒精度为 38% ～ 50%，经过橡木桶陈年，口感甜润、芬芳馥郁，酒液有琥珀色、棕色，也有无色的，是古巴的国酒。西印度群岛的海地、波多黎各（美）、维尔京群岛（英）、多米尼加，以及中北美洲的墨西哥、特立尼达和多巴哥，南美洲的圭亚那、委内瑞拉，非洲岛国马达加斯加都有规模化的朗姆酒生产。

7.12.1 朗姆酒的历史起源

古巴的甘蔗业起源于哥伦布第二次航行到美洲时，从加纳利群岛把制糖甘蔗的根茎带到古巴。当时印第安人发明了用来榨甘蔗汁的第一代工具，叫古尼亚亚（La Cunyaya）。1539 年在卡洛斯五世的诏谕中就提到过一些制糖工业的产品，如白糖、粗糖等各种蔗糖，浮渣、蔗糖浆、蔗糖蜜等衍生产品。人们用富余的甘蔗汁发酵后制作成一种刺激性的烈性饮料德拉盖（Draque），此饮料能使人兴奋并能消除疲劳。法国传教士拉巴（Jean Baptiste Labat）记录的他到古巴时的见闻可以作证。

18 世纪，海盗将欧洲的蒸馏技术和设备带到了古巴。原始的甘蔗汁发酵而成的烈性饮料德拉盖通过蒸馏，酒精度达到 40% 左右，逐步发展成为今天的朗姆酒。古巴朗姆酒的历史也是古巴共和国不可分割的一部分。古巴朗姆酒和古巴雪茄、古巴咖啡一道成为古巴三大名片。

7.12.2 朗姆酒的分类

①淡朗姆酒（Light Rum）。无色，味道精致清淡，主要用来调酒。

②黑朗姆酒（Dark Rum）。又称红朗姆酒。在生产中需加入一定的香料汁液或焦糖调色剂的朗姆酒。酒色较浓（深褐色或棕红色），酒味芳醇。

③老朗姆酒（Myers's Dark Rum）。经橡木桶陈年，口味丰富，可分为白朗姆（又称"银朗姆"）和金朗姆。

白朗姆 / 银朗姆（White Rum /Bacardi Carta），陈年 1 年，酒味干，香气淡。

金朗姆（Gold Rum），又称琥珀朗姆，在旧橡木桶中至少陈年 3 年，酒色较深，酒味略甜，香味较浓。

🌸 7.13 毡酒基础知识

毡酒，又称金酒、琴酒，使用玉米、麦芽、其他谷物搅拌加热并加香料后蒸馏而成。所加香料为杜松子（Juniper），故又称为杜松子酒。产区集中在荷兰的斯希丹（Schiedam），是荷兰的国酒。区别于其他浸泡酒，毡酒的香料在蒸馏前添加。毡酒香料味较浓并且非常芳香，酒精度为 35% ～ 50%，是一种在橡木桶中陈年的酒种。如今，毡酒已经发展出添加肉桂、当归、陈皮等养生材料的蒸馏酒。

7.13.1 历史起源

公认的毡酒发明者是荷兰莱顿大学医学院的希尔雅斯（Sylvius）教授，他于1660年发现杜松子具有利尿、清热的功效，于是将杜松子浸于食用酒精中，再蒸馏成含有杜松子成分的酒。那个时期是荷兰的殖民扩张时期，很多荷兰海员、商人在中美洲、南美洲和东印度活动，这些地区多发疟疾，希尔雅斯教授发明的毡酒很好地帮助了当时在全球的荷兰移民、商人等应对热带的病毒。

7.13.2 毡酒的分类

①荷兰式毡酒（Schiedam/Dutch Gin）。味道辣中带甜，口感浓，香料味明显。
②英式毡酒（Dry Gin）。不甜，口感清冽甘爽。

🏵 7.14 利口酒基础知识

利口酒，源自拉丁语Liquifacere，又名力娇酒。根据国际葡萄和葡萄酒组织（OIV）的规定，利口酒是总糖度不低于17.5%、酒精度为15%～22%的特种葡萄酒。然而，随着时代的发展，酒商逐渐采用在白兰地、威士忌、朗姆酒、毡酒、伏特加、中国白酒等中性烈酒中，加

入果汁、糖浆或浸泡各种水果、香料植物，再经蒸馏、浸泡、熬煮等工艺制成各式各样的新型利口酒，酒精度最高可以达到50%。

目前利口酒主要生产国为法国、意大利、荷兰、德国、匈牙利、日本、英国、俄罗斯、爱尔兰、美国、丹麦、中国等。其中久负盛名的是法国、意大利、荷兰 3 个国家，利口酒生产历史最为悠久、产量最大，约占世界年总产量的 60%。最近 10 年，中国的酒商也大力发展利口酒，并使用原产于中国的山葡萄、毛葡萄等制作利口酒。

7.14.1 利口酒的分类

7.14.1.1 按酒精含量划分

①特制利口酒。酒精度为 35% ～ 45%。

②精制利口酒。酒精度为 25% ～ 35%。

③普通利口酒。酒精度为 20% ～ 25%。

7.14.1.2 根据香料成分划分

①果实类。

②种子类。

③草药类。

7.14.2 典型的利口酒品种

①蓝莓利口酒（blueberries Liqueur）。以鲜蓝莓为原料压榨发酵后，经特殊工艺制成，营养丰富，呈天然宝石红色，澄清透明，酒香浓郁，甘甜醇厚，具有野生浆果的独特风味，主要产地是中国东北。

②桑布加利口酒（Sambuca Liqueur）。香料来自特有的茴香树花油，适于调兑可乐等汽水饮用，主要产地是意大利。

③杏子利口酒（Apricot Brandy）。在白兰地中加入新鲜的杏子泡制而成，酒体呈琥珀色，果香清鲜，主要产地是荷兰。

④鸡蛋利口酒（Bolls Advockaat）。酒体蛋黄色、不透明，是用鸡蛋黄、芳香酒精或白兰地，经特殊工艺制成。营养丰富，避光冷冻存放，主要产地是荷兰。

⑤可可利口酒（De Cacao）。以可可豆以及香兰果为原料酿制，分棕色、白色两种颜色。棕色酒通常作为餐后酒，白色酒多用于制作西式点心，主要产地是荷兰。

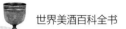

⑥咖啡利口酒（Coffee Liqueur）。用咖啡豆，经熬煮、过滤等工艺精酿而成。酒色如咖啡，芳香、浓郁，属餐后用酒，主要产地是荷兰。

⑦薄荷利口酒（Crème de Menthe）。色泽多样，有红、绿、白等，具有很高的糖度，酒体浓稠，不宜直接饮用。通常用于调制鸡尾酒。常见于荷兰和意大利。

8 酒杯酒具篇

8.1 侍酒前的准备工作有哪些

8.1.1 品酒室内温度

为了让葡萄酒处于最佳状态，合适的品酒环境很重要，尤其是品酒室内温度，最理想的品酒室内温度是 15 ～ 20℃，在炎热的夏季，尽量将室温控制在 25℃以下。

8.1.2 让酒"冷静"

葡萄酒的温度也很重要，让葡萄酒"冷静"下来的最有效的方法是，将葡萄酒放置在恒温酒窖或酒柜里储存。

当然，使用冰箱或冰桶降温也是一种不错的选择，后者更有仪式感。下面介绍一些使用冰桶降温的小窍门：可以在冰箱的冷冻室里，长期储存一些小袋包装的冰块。想要葡萄酒降温更加迅速，先将葡萄

酒带酒帽的一端朝下，放入冰桶，倒入冰块，然后往冰桶里加入一些水。10 min 后，

将葡萄酒瓶拿出，酒帽朝上再放入冰桶，5 min 后酒的温度刚刚好。不用担心酒渣问题，因为处理酒渣的办法有很多。大型宴会上，起泡酒或香槟的降温需要使用较大的冰桶。圆形或船形的大冰桶可以同时降温多瓶酒。

8.1.3 选一套合适的酒杯清洗干净

选一套合适且得体的酒杯，是对客人的尊重。一只干净明亮的酒杯能给客人带来好印象。清洗后的酒杯应该晾干并擦拭干净，快速擦干酒杯需要使用棉质的抹杯布。抹杯布吸水性强，但是容易留下棉絮。

已经晾干的酒杯，需要使用亚麻布或质地更加细密的超细纤维抛光布，将棉絮和未擦拭干净的污渍及指纹擦拭干净。

有人说，我们喝的是酒，用什么杯子都无所谓。我想用童话故事《灰姑娘》来解释葡萄酒与酒杯的关系，灰姑娘穿上合脚的水晶鞋才能变成公主。酒杯，就好比葡萄酒的水晶鞋，除了要重视外观是否漂亮，还要重视其功能。

喝葡萄酒的人会被葡萄酒的颜色、气味和味道所引导，但通常人们不会把杯子视为传达葡萄酒信息的工具。酒杯有各种形状和尺寸，它们是为了突显葡萄酒的某种特征而专门设计的。选择正确的酒杯，能给客人带来更好的品酒感受，我们可以从酒杯的功能开始了解。

8.2 一个葡萄酒爱好者应该有几种酒杯

波尔多 / 赤霞珠 / 美乐红葡萄酒杯（Bordeaux/Cabernet Sauvignon/Merlot）。

波尔多老酒 / 夏布利 / 霞多丽白葡萄酒杯（Mature Bordeaux/Chablis/Chardonnay）。

西拉艾米塔日 / 阿玛罗尼红葡萄酒杯（Hermitage/Amarone）。

勃艮第特级园 / 黑皮诺 / 巴罗洛红葡萄酒杯（Burgundy Grand Cru/Pinot Noir/Barolo）。

蒙哈榭 / 勃艮第 / 陈年霞多丽白葡萄酒杯（Montrachet/Burgundy/White Oaked Chardonnay）。

卢瓦尔河白葡萄酒杯（Loire White）。

丹魄红葡萄酒杯（Tinto Reserva）。

绿维特林纳白葡萄酒杯（Grüner Veltliner）。

莱茵高雷司令白葡萄酒杯（Rheingau Riesling）。

桃红酒杯（Rosé）。

贵腐甜酒杯（Sauternes）。

阿尔萨斯酒杯（Alsace）。

雪莉酒杯（Sherry）。

年份波特甜酒杯（Vintage Port）。

年份香槟酒杯（Vintage Champagne Glass）。

笛形香槟酒杯（Champagne Glass）。

起泡酒杯（Sparkling Wine）。

干邑 XO 酒杯（Cognac XO）。

干邑 VSOP 酒杯（Cognac VSOP）。

单一麦芽威士忌酒杯（Single Malt Whisky）。

标准品酒杯（INAO Tasting）。

通用型酒杯（Hi-Tast）。

8.3 酒杯对酒有影响吗

1958 年，奥地利醴铎第九代家族传人克劳斯·J. 里德尔（Klaus J. Riedel）在享用葡萄酒时发现，同样的酒在不同酒杯中会呈现出完全不同的特征，不仅香气不同，连味道差异也很大，以至于经验丰富的品酒师都认为不同的酒杯里装的是不同的葡萄酒。从此，越来越多的人认识到酒杯对酒确实有巨大的影响。

8.4 什么是功能型酒杯

葡萄品种是决定果香、酸度、单宁和酒精之间关系的关键因素。功能型酒杯是根据葡萄酒的葡萄品种或产区风味特点，来分类定义的不同形状和尺寸的酒杯。

功能型酒杯的设计理念并不是在画板上诞生的。 众多品酒师根据葡萄酒的风味，不断地改进酒杯的形状和尺寸，渐渐认识了酒杯形状和尺寸在传达葡萄酒信息中所起的复杂作用，最终获得了一些有趣的科学解释。一系列功能型酒杯由此诞生。

⚙ 8.5 何时有了功能型酒杯

1973 年，奥地利醴铎玻璃（Riedel Glass）推出了一组手工制的"Sommeliers"侍酒师酒杯，从此开启了功能型酒杯时代。 这个系列从 1958 年设计的第一款特级园勃艮第型酒杯开始，直到 2003 年才配套完成，包括 29 种不同形状的静态酒杯、起泡酒杯和烈酒杯。

⚙ 8.6 功能型酒杯受欢迎吗

1986 年对全世界所有葡萄酒爱好者来说是一个重要的年份，机器制造的酒杯从根本上改变了酒杯文化。奥地利醴铎玻璃提出了一项创新，生产出历史上第一套以葡萄品种分类杯型的机器制酒杯——Vinum 系列。 机器制酒杯合理的价格迎合了其向全世界推广功能型酒杯的理念。 从此，机器制功能型酒杯风靡全球，德国、意大利、法国、捷克、土耳其等国的玻璃工厂纷纷推出了系列酒杯。

⚙ 8.7 酒杯对我们的品尝有影响吗

葡萄酒是一种特别的饮料，一系列的酒杯款式让部分消费者感到困惑，毕竟大多数人习惯只用某一款酒杯喝酒。但是，你如果尝试用不同形状的酒杯去喝同一款酒，就会发现在不同形状的酒杯里，酒的香气、口感、余味都有着巨大的差别，就算新手也能注意到这些差异。

你可以尝试做以下对比：用两款形状不同的杯子喝同一款法国波尔多的赤霞珠，然后用这两款形状不同的杯子品尝同一款来自澳大利亚的西拉，我相信结果会让你很吃惊！

⊛ 8.8 酒杯如何影响酒的香气

葡萄酒香气的特征与浓郁度取决于葡萄酒本身的风格，但是酒杯的形状对葡萄酒香气的挥发速度、聚集位置以及散发方向都有重要影响。

酒杯的尺寸与形状可以用来优化葡萄品种的典型香气。香气悠长的酒，适合使用绽放形的酒杯；香气轻而短的酒，适合使用收拢型酒杯，以维持香味挥发速度与饮酒速度同步。

将葡萄酒倒入酒杯中，它便立即开始蒸发，酒的香气，快速地依其密度与比重层层地填满于杯中。最为清淡且娇弱的气息是花香与果香，这些香气最先升至杯口。酒杯中段，以青绿植物、大地土壤、矿物气息为主。密度最重的香气，比如木材与酒精味，沉在酒杯的底部。

气味分子不停地相互碰撞，部分得以释放出酒杯口，所以酒杯内壁成了关键的跳板，合适的反射可以帮助释放气味，反之将收拢气味。

摇晃杯子可以增加酒与空气接触的表面积，加速酒香的挥发与浓度提升。不过，当酒杯静止后，不同密度的香气无法混合起来，不同的香气分子会重新分层聚集在不同的位置。

事实上，这解释了同一款酒为何在不同杯子中会散发出不同的香气，比如一款酒可以在一只杯子中散发花香和果香，而在另一只杯子中只散发绿色植物和森林地表的气息。

巴贝拉　　　赤霞珠　　　佳美

⊛ 8.9 酒杯如何改变口感

很多时候，我们会因为酒的酸味太浓，欠缺甜美的水果味而感到失望。当这样的情况发生时，我们通常只会责怪酒的品质，而不会质疑酒杯的形状。

每个人的味觉都是独一无二的，我们无法以规则强制改变个人的味觉偏好。酒杯的设计目的是强调葡萄酒的和谐，而非缺点。酒杯的形状、容量、杯口尺寸、杯口工艺（切割打磨或者滚边），以及杯壁的厚薄度，都会影响人与酒之间最初的接触点。

当酒杯碰上嘴唇时，大脑便已得到信息。一旦舌头碰上了酒，三种不同的信息就同时传送出来：温度、口感、味道。

酒杯的形状迫使人喝酒时无意识地调整仰头的角度。宽大开口的杯形会使我们低头吸吮；窄小的杯口则为了让液体借重力流出而迫使我们头部后仰。这些饮酒姿势的改变，也改变了酒流入口腔中的位置和速度。

当酒被引入不同的味觉区域（舌尖、中部、后部）时，酒的味道就被无形地改变了。对味道最敏感的器官是舌苔上的味蕾。舌尖对甜味敏感，酒杯引导酒接触舌尖时，感应的是水果的甜美。舌尖的两侧对咸味特别敏感，感应的是矿物质的味道。味道的混合反映区集中在舌头中部和后部两侧，如果酒只经过舌尖及舌尖两侧就进入舌头中部区域，味觉的感应就是甜美并带有咸鲜矿物质风味。

舌头中部的两侧对酸很敏感。如果酒最先接触的不是舌尖，而是舌头中部和两侧，味觉的感应就会被酸味主导。用杯口内侧有凸起滚边的酒杯喝酒，会觉得酒特别酸，就是这个原因。舌头后部对苦涩敏感。生涩的酒如果最先接触的不是舌尖，而是舌头中部或后部，则吞咽之后，回味会有较强烈的苦涩感。

不仅仅是味蕾对味道敏感，人体的多个唾液腺、上唇、上颌也提供了口感。其中腮腺的感应区覆盖了口腔的两侧和后部。腮腺感应区对酸、甜、咸、苦的刺激也很敏感并且很持久。即使吞咽以后，残留在口腔中的余味，也可以持续地刺激唾液腺继续产生唾液，这就是回味的一种表现。

颌下腺和舌下腺对涩的感应也是强烈的。我们可以通过牙齿与上唇的摩擦以及舌面与上颚之间的摩擦，去感应单宁的强弱。单宁是粗糙的还是顺滑的，磨一磨就知道了。酒与唾液的混合，使得有味道的唾液停留在哪里，味道就在哪里，所以酒体浓郁的酒，残留在唾液中的味道就丰富，回味感也丰富，残留在唾液中的味道浓度越高，回味就越长。

❀ 8.10 如何选择酒杯

①若想清楚地看到酒的颜色，就要选择无色、透明的酒杯。那些杯口描金的、杯子上描绘了华丽花纹的，甚至是杯身有精致雕花的杯子，虽然很华丽，但是它们只是好看而已，不适合作为品酒杯。

②杯挺要高，有足够的空间让手握住杯挺，避免手握杯碗而影响酒温。

③靠近杯口的杯壁要薄，杯口厚度最好小于 1 mm；靠近杯碗底部的位置可以厚一些，这样碰酒杯的时候不容易破碎。

④要选择冷切口的玻璃杯或水晶杯，杯口平滑没有凸起。有明显向外凸起的杯口，会影响嘴唇与酒杯接触，而杯口内有凸起的酒杯，喝酒时口感会很酸。

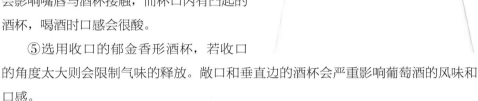

⑤选用收口的郁金香形酒杯，若收口的角度太大则会限制气味的释放。敞口和垂直边的酒杯会严重影响葡萄酒的风味和口感。

⑥喝红葡萄酒时，应该使用大尺寸的酒杯。大尺寸的酒杯有利于单宁和酸的氧化，也有利于酒精的挥发，葡萄酒的芳香和味道会更加完美。喝白葡萄酒和桃红葡萄酒时应使用中等尺寸的酒杯，这有利于水果的特征聚集起来直达杯口。喝起泡酒时选用细长笛形酒杯，气泡需要经过较长时间才从底部穿过酒体在顶部破裂，这种酒杯不仅可以让人欣赏到细致美丽的气泡，而且可以带出更多的芳香。喝加强酒应该使用小尺寸的酒杯，这样不仅可以控制倒入量，而且可以突出水果芳香，更多的好处是使酒精味迅速挥发，但是酒杯的尺寸也不能太小，要便于打旋和闻香。

⑦选酒和盲品时尽量选用 INAO（ISO）酒杯。

⑧喝一般的餐酒或酒精度偏低的酒不宜使用太大的酒杯，否则根本闻不到香气。

⑨喝起泡酒不宜使用碟形酒杯，碟形酒杯适合饮用鸡尾酒。婚礼上使用碟形酒杯只是为了方便叠杯塔而已。

⑩人工吹制酒杯款式较多，手感轻便，密度不如机器吹制酒杯高，使用时较易损坏。辨别人工吹制酒杯和机器吹制酒杯的方法是看杯底边缘是否有凸起，边缘没凸起的大多是人工吹制酒杯。机器吹制酒杯底部边缘通常会设计一圈凸起，这圈凸起可以使酒杯放置时更平稳。

⑪采购酒杯时一定要注意酒杯口部是否有内凸起，尽量不要采购有内凸起的酒杯。

⑫相比于玻璃杯，水晶酒杯内壁有更加多的晶体反射面，可以帮助沉重气味反射至杯口，使人更好地闻到二级和三级香气，所以喝好酒要用水晶酒杯。

8.11 功能型酒杯有哪些类型

①波尔多型红酒杯。酒杯尺寸大，容量为510～860mL。杯碗部分较长，杯碗直径比杯底直径大，杯口直径与杯底直径相同，稍微收口。

波尔多型红酒杯适用于高单宁、中高酸度、果香温和的酒。

酒杯功能：平衡酸度和单宁、余味回甘。

②波尔多型白酒杯。酒杯尺寸中等，容量为350～450mL。杯碗部分中等大小，杯碗直径与杯底直径相同，杯口直径比杯底直径略小，稍微收口。

波尔多型白酒杯是适用性较强的酒杯，不仅适用于波尔多风格的白葡萄酒，也适用于波尔多干红老酒。

酒杯功能：平衡酸度和单宁、余味回甘。

③西拉型红酒杯。酒杯尺寸偏大，容量为500～600mL。杯碗部分较长，杯碗直径比杯底直径大，杯口直径比杯底直径小，收口明显。西拉型红酒杯比波尔多型红酒杯的收口更为明显。

使用这款酒杯喝酒，你的头部会不知不觉地后仰，同时伸出舌尖接触杯口，让余味更甜美。

④勃艮第型红酒杯。酒杯尺寸超大，容量为800～1 050mL。杯碗部分宽大，杯碗直径比杯底直径大，杯口直径与杯底直径相同，收口明显，部分杯口会设计成外翻的喇叭形。勃艮第型红酒杯适用于中高酸度、中低单宁、花果香浓郁、木材香明显的葡萄酒。

使用这款酒杯喝酒，特别是杯口为外翻的喇叭形时，你的头部会大幅度地后仰，同时伸出舌尖接触杯口，口感是单宁圆滑、余味甜美悠长。

酒杯功能：易于分辨多层次香气，包括果香、矿物香、橡木桶香气，减少酸度对口感的影响。

⑤勃艮第型白酒杯。酒杯尺寸偏大，容量为450～550mL。杯碗部分宽大，杯碗直径比杯底直径大，杯口直径比杯底直径大，稍微收口。

勃艮第型白酒杯适用于在凉爽、温和的气候中经橡木桶陈年的白葡萄酒，此类

酒是绿色水果香、高酸度的干型白葡萄酒。

酒杯功能：易于感受多层次香气，突出矿物质口感，减少酸度对口感的影响，能充分体现酒中沉重而复杂香味的细微变化。

⑥笛形杯（又称香槟杯）。酒杯容量较小，容量为 200 ～ 330mL。酒杯高而杯碗细长，笛形杯由此得名。纤长的杯碗是为了让气泡有足够的上升空间。好的笛形杯在杯底有一个尖锐的凹点，这个设计可以令温度极低的酒仅在这个凹点处形成微小的气泡，缓缓上升的气泡形成一条下细上宽的气柱。

由于笛形杯容量小，故可以用来喝甜酒，如冰酒或者贵腐酒。笛形杯的杯口比较小，若没有气泡的推动，则甜酒的香气散发不太完美。

⑦雷司令型白酒杯。酒杯尺寸中等，容量为 300 ～ 380mL。杯碗部分中等大小，杯碗直径与杯底直径相同，杯口直径比杯底直径要窄，收口较明显。对比波尔多型白酒杯，雷司令型白酒杯的杯壁收口曲线较平直。有部分雷司令型白酒杯杯口设计成外翻的喇叭形状，称为莱茵高酒杯，此酒杯容量更小，为 200 ～ 230mL，能使酸度与其特有的风味融为一体。

此款杯型适用于酸度高的干型葡萄酒。

⑧丹魄型红酒杯。酒杯尺寸较大，容量为 550 ～ 620mL，杯碗部分较长，杯碗直径比杯底直径大，杯口直径比杯底直径小很多，收口曲线很明显。很多人错误地将丹魄型红酒杯与西拉型红酒杯混淆，虽然这两款杯子外形接近，但最为明显的区别就是丹魄型红酒杯比西拉型红酒杯的收口更为明显，杯口直径通常只有杯底直径的 1/2。

使用这款酒杯喝酒，你的头部会明显地后仰，幅度很大。同时伸出舌尖接触杯口，可以让余味更复杂和持久。

⑨桃红型酒杯。酒杯尺寸较小，容量为 200 ～ 350mL。杯碗部分中等大小，杯碗直径与杯底直径相同，杯碗中部先收窄再向口部外翻。

⑩甜酒杯。酒杯尺寸较小，容量为 200 ～ 250mL。 杯碗部分中等大小，杯碗直径与杯底直径相同，杯口直径比杯底直径略窄，稍微收口。

⑪干邑酒杯。酒杯尺寸较小，容量为 170 ～ 200mL。杯碗部分较小，杯碗直径与杯底直径相同，杯口先收窄再向外翻。

干邑酒杯适用于雅文邑、干邑、白兰地、朗姆酒、苹果白兰地酒。可作为烈酒的闻香杯。

⑫单一麦芽威士忌酒杯。酒杯尺寸较小，容量大约 200mL。杯碗部分较小，杯挺较粗，杯口先收窄再向外翻。

单一麦芽威士忌酒杯适用于单一麦芽威士忌。可作为烈酒的闻香杯。

⑬INAO 品酒杯。酒杯尺寸较小，酒杯容量为 200mL。名字来自法国国家产地名称研究所（Institut National des Appellations d'Origine，INAO），该尺寸的酒杯于 1970 年被定义为标准品酒杯，在国内被称为 ISO 杯。

⑭通用型酒杯。适用于所有葡萄酒的酒杯。HI-TAST with NESIUM 系列，有大、中、小三个型号，容量分别是 630mL、450mL、330mL，由意大利 Cantinarredo 酒具公司于 21 世纪初期

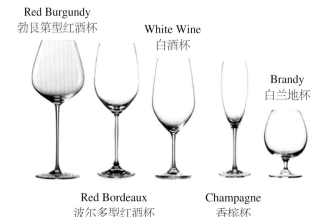

Red Burgundy
勃艮第型红酒杯

White Wine
白酒杯

Brandy
白兰地杯

Red Bordeaux
波尔多型红酒杯

Champagne
香槟杯

设计推出，三款酒杯形状几乎相同。杯碗直径与杯底直径相同，杯口直径比杯底直径要小，收口较明显。最为明显的特征是杯壁上、下部的斜边反射角，能将一类、二类、三类香气同时聚集于杯口上方。通用型酒杯是意大利乃至欧洲使用最广泛的酒杯款式。

8.12 如何区分玻璃、水晶、琉璃

玻璃的主要成分是二氧化硅，是非金属无机材料。玻璃是非晶体材料，加热后易加工，冷却后具有透明、耐腐蚀、耐磨、抗压等特性。

水晶玻璃以石英和氧化铅为原料制成。天然水晶是二氧化硅的结晶体。

"琉璃"一词起源于唐代，是以水晶为原料，高温烧制而成的。由于所含的金属元素不同，颜色也不同，但二氧化硅也是其中成分之一。

8.13 玻璃杯和水晶杯有什么区别

第一个区别是材料。水晶对光线的折射度和透射度都远远高于普通玻璃。这种材料更方便人工加工和造型。在观色的时候，水晶杯能更准确、更清晰地反映酒色。

第二个区别是价格。水晶杯价格要比普通玻璃酒杯高，特别是进口知名品牌的水晶杯。

第三个区别是稳定性。水晶比普通玻璃有更高的硬度，较耐磨损。

品质上乘的水晶杯透射度高、外壁坚硬，碰撞起来会发出悦耳的声音，碰撞后把杯子迅速放到唇边，会有触电一样的震动感觉。这就是传说中的"水晶杯之吻"了。

8.14 含铅水晶有毒吗

自 2000 年起，欧盟相关部门明文限制含铅水晶杯的生产。因为相关科学研究表明，金属铅和葡萄酒内的酸性物质长期接触会产生对人体有害的化学物质。目前只有部分顶级品牌可以通过欧盟的食品用具检测，继续生产含铅水晶杯。这类酒杯的标签上会注明"lead crystal"表明含铅。

8.15 什么是无铅水晶

以更安全的其他化合物替代氧化铅的玻璃称为无铅水晶。无铅水晶的折射率、弹性系数接近含铅水晶，并且具备良好的加工性能。

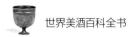
 8.16 无铅水晶酒杯较传统的含铅水晶酒杯哪种更好

无铅水晶酒杯比传统含铅水晶酒杯具有更好的折光性，更完美地展现了玻璃的折光性能。

在声音方面，无铅水晶酒杯比传统含铅水晶酒杯所发出的金属声更悦耳动听，有"音乐杯"之美誉。

无铅水晶酒杯比传统含铅水晶酒杯更有韧性，即耐撞击性能更好。

无铅水晶酒杯更安全、更可靠。

8.17 什么是"一体成型"的高脚杯

真正"一体成型"的高脚水晶杯理论上是不存在的。所有的杯子都是要焊接杯底的，人们把采用人工吹制拉挺工艺生产的水晶杯想象成了"一体成型"。拉挺的杯子，杯碗与杯挺之间没有明显的节点或分层，手感光滑，外观漂亮。对比拉挺工艺，接挺工艺做出来的杯子往往有较明显的接合点或分层。

以前，国产机器制高脚杯都是采用接挺工艺。近几年来，山东华鹏公司推出了"弗罗萨"系列封焊拉伸杯。

"一体成型"进口机制酒杯的工艺已经相当成熟，德国、意大利、捷克等国家的老玻璃品牌借此工艺涌入中国，占领了很大份额的市场。

8.18 如何清洗高脚水晶酒杯

①酒杯使用后，立即用清水浸泡。

②以温水清洗，可以不使用清洁剂。

③倒立放在桌布上，使残留水流出。

④若要酒杯更光亮，可将其放于热水上方用蒸汽蒸。

⑤同时使用两条清洁布擦亮酒杯。

⑥双手各持一条清洁布，先擦拭杯底。

⑦左手用清洁布包住杯身，右手擦拭。

⑧擦拭杯口时，需倒立酒杯以避免用力过度。

⑨禁止扭转杯底与杯身。

⑩如果杯子长期不使用，可能会出现反碱（起雾）现象，要使用专门配制的玻璃清洁剂清洗。

⊛ 8.19 什么是醒酒器

　　醒酒器是一种将酒澄清后再倒出来的容器。以前，酒被装瓶前很少进行严格的过滤，因为过度的过滤会影响酒体以及陈年后的风味。因此酒里面会有大量的结晶体或悬浮物。时至今日，许多高端的红酒都不会经过严格的过滤，特别是出自波尔多右岸的名庄的红酒。

　　早期的醒酒器是一种细颈大肚的透明玻璃瓶，主要用于沉淀酒里面的结晶体或者悬浮物质。将酒倒入醒酒器时，需要一个漏斗，漏斗出酒管底部带有一圈小孔，可以将酒引流至醒酒器内壁，让酒缓缓流入。漏斗内部通常会自带一个滤网，有过滤沉淀物的作用。

⊛ 8.20 不同形状的醒酒器醒酒有差异吗

　　有差异。同酒杯一样，醒酒器发展到今日，形状越来越多，功能分类也越来越细致。

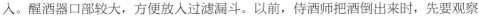

　　①老酒醒酒器。特点是颈部特别细，避免空气过度进入。醒酒器口部较大，方便放入过滤漏斗。以前，侍酒师把酒倒出来时，先要观察沉淀物，通常会点燃一支蜡烛，通过烛光观察沉淀物在酒瓶内的位置。倒酒时，一边观察沉淀物一边倒酒。

　　还有一些老酒醒酒器底部设计成特别尖的下凹，方便沉淀物堆积在此处，有的甚至需要一个中空的底座，才能够将其正立。通常还配有一个水晶瓶塞，以防止老酒在静置沉淀物的过程中过度氧化。

②新酒醒酒器。相对于老酒醒酒器而言，新酒醒酒器颈部直径较大，方便空气进入。底部一般有方便手持的内凸起，或将颈部设计成防止手持打滑的楞。对于新酒而言，氧化的速度更加重要。将酒倒入醒酒器时不仅要顺着内壁将酒液面摊开，而且要缓慢。这个过程很重要，酒液面摊开时会带入大量的氧气微气泡，接着就是慢慢地等待。

③新派醒酒器。最实用且高级的就是 U 形醒酒器，一根玻璃管吹成大肚子的 U 形，也叫天鹅壶。将酒从大口倒入，静置醒酒后，将酒从小口倒出。使用时，注意一次不要倒入太多酒，如果堵塞了内部空气流通空间，醒酒速度会很慢，保持内部空气在 U 形管内流通才能获得更快的氧化速度。这种醒酒器不适用于老酒。

④带提手的醒酒器。这是新手最爱的款式，不需要练习也能熟练使用。醒酒器瓶体被设计成半卧式，背部有提手，口部是斜切的。

⑤可入冰桶的醒酒器。一般的醒酒器体积都很大，难以放入冰桶中。这款醒酒器体积较小，能放入冰

桶中。一款昂贵的勃艮第干白，往往需要在冰桶里醒酒，在杯中升温，这样才完美。

⊛ 8.21 如何预测新酒醒酒时间

醒酒时间，对于每一瓶酒都是不一样的。使用不同造型的醒酒器，或注入酒的方法不同，醒酒时间也会有很大的差别。对醒酒时间误判是初学者不可避免的，随着经验的积累，对醒酒时间的判断会越来越准确。

对于新酒而言，需要较长的氧化时间去软化单宁，同时等待果酸向乳酸转化。在这个过程中，轻密度的一类香气，如果香、花香会一直挥发。同时，原本沉重的酒精气味会从底部向上释放，从而将二类、三类香气如木桶香、矿物香、陈年香带出。一类香气减弱，二类、三类香气得到释放，从而获得复杂的香气，这就是醒酒

的结果，是值得用时间换取的结果。

酒体较单薄的新酒或原本就缺乏二类、三类香气的酒，如果过度醒酒，即使单宁软化了，酸度和谐了，酒体也只会更加松散。更可怕的是损失的一类香气无法从二类、三类香气中得到补充，其结果只能是淡然无味。

根据经验，醒酒前先将大约 20mL 酒倒入杯中，品尝一口。先含在口中约 15s，感受酒中的单宁、酸度、酒体、香气、酒精度，然后大量吸气入口中，再次感受味道和香气的变化。按照二类、三类香气如木桶香、矿物香、陈年香的变化预算醒酒时间。如果香味变化不大，醒酒时间不需要太长，一般 15～30min 即可倒入杯中。如果感觉变化越大，醒酒时间就越要加长。同时留意杯中酒的一类、二类、三类香气的变化。品尝后，酒杯里大约只剩下 10mL 的酒，杯底酒氧化的速度会比醒酒器里的快很多。每隔 15min 去闻一下杯中酒，若感觉果香味再次突出，表明醒酒器里的酒已经完成醒酒了。

✪ 8.22 如何把控老酒醒酒时间

对于老酒而言，度过 10～50 年的陈年期，酒色会变浅、清澈度会变低、光泽会变暗淡。老酒在酒瓶中时，单宁、酸度、糖度、酒精度保护着酒的生命，使其氧化越来越弱，同时各类风味物质被结晶或沉淀，原来强壮的酒体变得越来越单薄。

对于老酒，混合和过滤才是醒酒的目的，此过程也被称为换瓶。一般使用瓶颈窄的老酒醒酒器，将酒沿着醒酒器内壁缓缓倒入。老酒在倒入醒酒器的同时，会获得一次完全地混合，这才是醒酒器带来的最大好处。然后短暂地静置醒酒，将醒好的老酒用带滤网的漏斗重新注入酒瓶中，换瓶完成。

老酒最为可贵的并非其带有新鲜的果香，而是带有烤肉、蘑菇、香料等陈年气息混合成熟的果香。陈年时，所有的味道和香气都会重生，充满回甘的滋味。

酒色已经暗淡的老酒，即使使用老酒醒酒器，醒酒时间也不要超过 60min。如果是用普通醒酒器，醒酒时间不要超过 15min。

有些人总觉得在瓶中醒酒，酒会越来越好喝。实际上，酒瓶中的沉淀物和悬浮颗粒会吸附大量风味物质而沉入酒瓶下部，导致上半瓶酒索然无味，造成错觉。老酒里可挥发的物质如酒精、果酸和一类香气已经很弱了，难以将沉重的风味物质和二类香气物质大量带到酒瓶上部。竖立酒瓶醒酒时间越长，酒瓶上半部的酒味道就越淡。

8.23 为什么玻璃或者水晶的醒酒器好呢

金属制作的醒酒器如果其表面遭到氧化，可能会影响葡萄酒的气味，饮用时口腔里会留下金属气味。

将银质、金质材料嵌在醒酒器倾注口位置的醒酒器，保养起来颇费事，也不建议使用。

好的醒酒器材质无须太过炫耀，玻璃和水晶材质的醒酒器就是最佳的选择，醒酒的目的在于享受葡萄酒的芳醇气味，而不是看华丽的醒酒器。

8.24 短颈的醒酒器是用来醒什么酒的

短颈的醒酒器，专供年份波特酒、雪莉酒、马德拉酒及同类型的强化葡萄酒，作为滗酒移注换瓶使用。

8.25 什么形状的醒酒器是用来醒烈酒的

矮胖形、长方形、畸形这些类型的醒酒器，是用来醒烈酒的容器，如干邑、雅玛邑白兰地，或者质地优异的麦芽、陈年威士忌。通常此类容器还附有可密封的同质盖头，以防酒精挥发过快。

8.26 怎么选择适合自己的开瓶器

不同的开瓶器有不同的操作方式，开瓶器的选择主要还是看自己的喜好以及使用场合，有便携的、专业的或省力的可以选择。根据场合，选择一把能快速、省力地将瓶塞起出的开瓶器吧！

8.27 翼式开瓶器怎么使用

这是一款在商店最常见的开瓶器。它的主要构造像是两只翅膀，所以被称作翼式开瓶器。很多看上去像人形的开瓶器也属于这一类型。开瓶的原理与侍酒师开瓶一样，利用杠杆原理，使旋入木塞里的螺旋钻将木塞带出。具体的操作如下：

①将开瓶器对准葡萄酒瓶口的正中位置。

②旋转开瓶器顶部的把手，将螺旋钻钻入木塞内部。注意保持螺旋钻的垂直向下，而且不要穿透木塞。这时，两边的把手会因为螺旋钻的下钻，而越来越张开。

③接近木塞底部，开瓶器双翼张开后，用双手将两翼按下，瓶塞随之开启。

值得一提的是，选用这种开瓶器时，注意螺旋钻不要太粗，太粗的螺旋钻对木塞的破坏比较大。

⊛ 8.28 什么叫虾刀

1882 年，德国发明家卡尔·F. A. 维英克申请了"Waiter's Friend"的专利。这一款可折叠的开瓶器身形细长，包括一根螺旋杆和一根杠杆。因其外形小巧可方便地放入口袋，并且很像普通的折叠刀，而时常被侍酒师称为"酒刀"，也就是我们常说的"侍酒师之友"。这款开瓶器后来在全世界流行，打开的酒刀形状像一只虾，故而被称为"虾刀"。

虾刀的撬杆比较短，遇到长木塞时，只能顶出一半的木塞，最后需要用手拔出整个木塞。后来，法国人加长了撬杆和刀身，这就是昂贵的拉吉奥乐酒刀的雏形。即使加长了撬杆，此款酒刀在遇到名庄酒的长木塞时，也无法完全起出木塞。

⊛ 8.29 什么叫海马刀

这是在葡萄酒专业人士中使用最为广泛的开瓶器。由于开瓶器的形状像海马，故被称为"海马刀"。海马刀是"Waiter's Friend"的改良款，是一款具有便携式双级撬杆的开瓶器。它比较小巧，功能齐全，且便于携带，双级撬杆的设计同时适用于长木塞和短木塞的开启。所以酒店、餐厅、酒吧的侍酒师们都使用这种开瓶器，久而久之其取代虾刀获得了"侍酒师之友"的美名。海马刀由 4 个部分组成：酒帽刀、丝钻、把手以及双级撬杆。

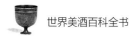

8.30 老酒夹怎么用

老酒夹，学名双金属片开瓶器，顾名思义，它就是由一长一短两个带尖头的金属片连接把手而构成的。老酒夹构造简单，优点是能夹出非常松软的木塞或拔出断塞，主要适用于开启陈年老酒，也被称作老酒开瓶器，因为这些酒塞长年浸泡于酒液中，质地已十分松软，甚至有些腐化，用一般的开瓶器很易断裂。其缺点是开瓶速度较慢。开瓶技巧如下：

①手握把手，将一长一短两个金属片，一前一后与开瓶人方向垂直，先插入长金属片大约 5mm，再插入短金属片。

②与开瓶人方向垂直，持续前后地推动双金属片，注意前后推动即可，不要向下发力。

③当双金属片全部下沉没入木塞后，以顺时针方向旋转把手半周，金属片会将木塞与酒瓶之间的结晶分离。

④继续旋转把手并轻轻向上提，此时木塞会被金属片夹出。

⑤若发现木塞与金属片之间有滑脱现象，手掌应下移握紧双金属片以夹紧木塞，继续旋转并快速夹出木塞。

为了防止木塞掉入酒瓶中，美国人发明了一种带 T 形丝钻的双金属片开瓶器。先用非常细小的丝钻钻入木塞，直到 T 形手柄被酒瓶口卡住，以起到固定木塞不被顶入酒瓶的作用，然后才插入双金属片把木塞夹出。

8.31 兔耳形开瓶器怎么用

兔耳形开瓶器是一种快速开瓶器，因其两个用于夹住葡萄酒瓶颈的把手像兔耳而得名。使用时先用"兔耳"夹住瓶颈，快速压下压杆，使螺旋钻快速钻进木塞，然后回拉压杆，起出瓶塞。

具体操作如下：

第一步：拿起开瓶器，抬起上手柄，让钻头充分往上拉。

第二步：把两侧手柄分开，夹住红酒瓶口。不可用力太大，防止瓶口被夹碎。

第三步：上手柄用力向下压，钻头深入木塞中。

第四步：上手柄压到不能再下压为止。

第五步：抬起上手柄，软木塞就被拔出来了。

第六步：用侧手柄再次夹住软木塞，抬起上手柄，软木塞自动脱离钻头。

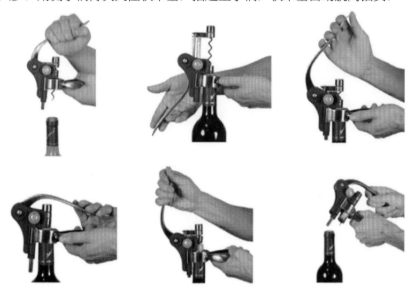

✳ 8.32 套筒式开瓶器怎么用

这也是一种常见的开瓶器。它的构造相当简单，只有三个部分：旋转把手、螺旋钻、旋转套（螺旋钻外部）。它的开瓶原理不同于杠杆原理，是用人手的反向扭转力将瓶塞拧开。具体操作如下：

第一步：将开瓶器套在去瓶封的瓶口正中位置。

第二步：用力旋动开瓶器顶部的把手，将螺旋钻顺时针钻入木塞内部。注意保持螺旋钻垂直向下，而且不要穿透木塞。

第三步：用手握住开瓶器旋转套，向螺旋钻钻入的相反方向即逆时针方向拧动，直至木塞完全被拧出。

这种开瓶器成本最低，但开瓶速度慢，而且很费力。

⚙ 8.33 电动型开瓶器使用方便吗

除了手动开瓶外，现在市场上也出现了使用更为方便的电动
型开瓶器。根据供电方式，电动型开瓶器分为使用干电池和使用
内置充电电池两种。使用时只需将开瓶器对准瓶口，按下向下按
钮，机器就会自动将螺旋钻头钻入木塞里，并将其拔出。要取出
已拔出的木塞时，按向上的按钮，木塞就会自动脱离开瓶器。

电动型开瓶器虽然使用方便，但缺点是螺旋钻头会直接钻穿
木塞，将木渣带入酒瓶。而且不适合开启松软的木塞，遇到松软
的木塞时，可能会破坏木塞。

⚙ 8.34 桌式开瓶器适用于什么场合

这种开瓶器源于吧台边的啤酒桌式开瓶器。后来
由于葡萄酒的兴起，人们又开发了一种适用于酒吧、
宴会等需要大批量开酒的场合的开瓶器。使用方法是
将去酒封的酒瓶瓶口对准螺旋钻口，注意瓶子方向与
螺旋钻垂直。稍用力顶住瓶口，拉下把手，使得钻头
钻入瓶塞，再提起把手，瓶塞随即被拉出。

⚙ 8.35 什么是酒帽割刀

兔耳形开瓶器和电动型开瓶器，通常会配一把 U 形或圆形的割刀，割刀内部有
4 个割刀片，这是专门为割开酒帽而设计的酒帽割刀。酒帽割刀的使用方法很简单，
只要将带刀片的一面套在酒帽上，轻轻向一个方向转动 90°以上，酒帽就被整齐地
割断了。

8.36 香槟开瓶器怎么用

如果徒手难以拧出香槟塞，香槟开瓶器是个不错的开瓶工具。用开瓶器的挂钩勾住铁丝罩的拉环，将开瓶器置于香槟塞顶部，固定好瓶塞，用力夹紧开瓶器的手柄，向上用力拔出瓶塞，一瓶香槟就这么轻而易举地被打开了。

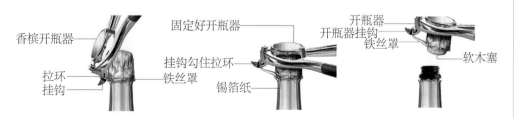

香槟开瓶器　固定好开瓶器　开瓶器　开瓶器挂钩　铁丝罩　软木塞　拉环　挂钩　挂钩勾住拉环　铁丝罩　锡箔纸

8.37 如何用香槟刀开香槟

香槟刀的形状像一把长马刀，用来开香槟很有仪式感，操作步骤如下：

第一步：将香槟从冰桶中取出，用抹布擦干瓶身，取下保护网和酒帽。

第二步：一手握住酒瓶，瓶口向外并向上倾斜 45°。

第三步：一手横握香槟刀紧贴瓶身，刀背沿瓶身向外劈，轻轻撞击香槟瓶口的凸起。

第四步：瓶口凸起被撞击后，带着蘑菇塞一起飞出。

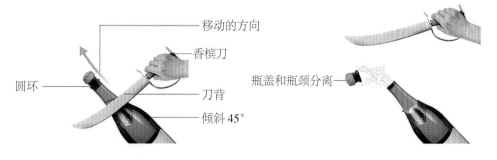

移动的方向　香槟刀　圆环　刀背　倾斜 45°　瓶盖和瓶颈分离

8.38 如何避免酒泪弄脏酒标

用酒瓶倒酒时，一不小心酒泪（俗称"挂杯"）就会沿着酒瓶流下，弄脏酒标。经常练习后会发现，当酒瓶口慢慢竖起时，手腕稍微转动一下就可减少酒泪溢出。

酒领，一个内置了吸水棉的金属环，可以有效解决酒泪污染酒标的问题。倒酒前，将酒领套在酒瓶口，这样即使有酒泪流出，也会被吸水棉吸收。

8.39 倒酒器和倒酒片哪个更好用

倒酒器是插在酒瓶口上，倒酒时方便控制倒酒量和避免酒泪产生的工具。倒酒器的形状有很多，一些先进的倒酒器利用液压原理，倒酒时可以将空气大量带入酒中，有快速氧化酒的功能。采用倒酒器倒出的酒，花香、果香更加浓郁。倒酒器体积小，实用性高，一直是除酒杯、开瓶器以外最受欢迎的小酒具。还有一款定量倒酒器，内部用滚珠控制，使每次倒酒的量都是固定的。

倒酒片是一张平面的圆形或方形的胶片，镀铝膜后，背面有很大的位置印图案。因为胶片有弹性，倒酒片卷起来后可以形成一个圆管直接插入酒瓶口作倒酒器使用。

 8.40 快速醒酒器真的有用吗

对于一瓶酒体强大的新酒而言，用传统醒酒器完成醒酒需要等待很长的时间，而时间永远都是宝贵的。所以葡萄酒爱好者不断地创新发明能在短时间内完成醒酒的工具。新酒的醒酒功能主要表现在氧化作用上，老酒的醒酒功能主要表现在混合香味和过滤沉淀物上。

2007 年，德国人发明了一款叫"Areator"的倒酒器。此款倒酒器两头的玻璃管连接了直径大约 8cm 的玻璃球泡，一头小玻璃管通过一个硅胶密封圈直接插入酒瓶口。缓慢倒酒时酒液先进入玻璃泡，融入大量空气后，通过另一头的玻璃管倒入酒杯中。这种快速醒酒器对释放一级和二级香气的作用是巨大的，很多人觉得像变魔术。

同年，我国有人发明了一款快速醒酒器"Vinomagic"，并在欧洲、美国申请了专利。Vinomagic 改良了 Areator 的设计，将玻璃泡的形状由圆形改进为葫芦形，尺寸变得

更小，倒酒时不再需要缓慢地倒入。按照正常速度倒酒，依然能迅速释放一级和二级香气。

几年后，一款来自美国的快速醒酒器"Magic Decanter"迅速抢占市场。Magic Decanter 是手持式快速醒酒器，在管道侧面开了两个孔。它利用了液

压原理：当液体在封闭的管道中流动时，流动速度与压力成正比（水表流速原理）。当酒流经两个侧孔时，液压会把空气大量带入酒液里，发出"哗哗"的声音，大量的气泡在管中翻滚，从而产生强烈的视觉和听觉冲击。

8.41 哪种酒塞的保鲜效果好

如果有经常喝点酒的习惯，那么开瓶后的红酒如何保鲜就成了一个难题。虽然酒瓶自带的软木塞可以反复使用，但是开瓶时螺旋钻已经破坏了软木塞的内部结构，空气很容易通过裂纹进入酒瓶内部。此时，一只备用酒塞是必不可少的。酒塞的外形设计多种多样。大部分酒塞下部被设计成锥体，锥体上套一圈或多圈密封硅胶环。每圈硅胶环的直径不一样，以适用于不同尺寸的酒瓶，但都只用于静态葡萄酒的保鲜。

为了解决起泡酒保鲜问题，专门为起泡酒和香槟酒瓶设计的酒塞出现了。一个金属盖内置了一个硅胶垫片，用于压住瓶口，金属盖配有两个侧翼以牢牢卡住酒瓶口的凸起，这种结构的酒塞称为起泡酒酒塞。

为了使一个酒塞既可以用于密封静态葡萄酒，也可以用于密封起泡酒和香槟，意大利老牌酒具公司 CANTINAREDO 推出了一款多用途的膨胀酒塞。其外形像车手的头盔，酒塞下端有一段硅胶柱。使用时先将硅胶柱插入酒瓶口，用手下压扳动酒

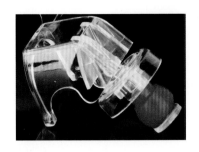

塞帽，硅胶柱会膨胀变粗封住酒瓶口，酒塞帽的边沿也正好勾住酒瓶口外部的凸起。这款酒塞不仅小巧，用途多，操作简单，密封效果更是出奇的好。由于膨胀的硅胶柱与酒瓶内壁的接触面积较大，变形压力大且均匀，故其密封效果比传统酒塞只靠一圈或两圈密封硅胶环来密封好很多。

8.42 如何挑选恒温酒柜

储存葡萄酒的环境要求比较苛刻。大型的地窖或专业的恒温酒仓是比较理想的地方，但对于大多数葡萄酒爱好者来说，在家里或办公室配置一台恒温酒柜是一个不错的选择。

恒温酒柜根据制冷方式分为电子制冷和压缩机制冷两种。电子恒温恒湿酒柜价格较低，制冷效率低、耗电，容易损坏，使用寿命短，一般两年后容易出现故障。

电子酒柜通常在室温 20℃时只能再降温 10℃左右。在 30℃的环境下，降温效率将大大降低，想恒温到 18℃几乎是不可能的。

压缩机酒柜的价格稍微昂贵，甚至同一容量的酒柜价格差异悬殊，到底如何选择呢？以下条件可作参考：

①恒温性能。葡萄酒保存忌温度波动，所以采用精密压缩机酒柜，保持温度的恒定是首要目的；酒柜的外壳填充了大量的保温材料，保温材料就像一张棉被，越厚的壳体保温效果越好。对于大型的酒柜，由于壳体的加工模具和冲压机器昂贵，所以一些工厂采用拼接的外壳，但如果拼接出现空隙，保温效果就会下降。压缩机需要长时间地制冷，这不仅耗电，而且缩短了压缩机的使用寿命。

②湿度调节。为了防止瓶塞干燥萎缩，酒柜内部需要将湿度保持在 55% 以上，这是冰箱所无法达到的。酒柜的恒湿性能是要注意的。很多酒柜将水槽安装在底部最里处，这就需要按照说明书的方法经常补水。

③避振。振动会对葡萄酒造成一定的影响，最好选用大品牌的防振压缩机酒柜。实木层架不仅美观，对减振也有一些帮助，要挑选带轴承的导轨层架。

④避光。为避免紫外线对葡萄酒造成影响，酒柜的玻璃门必须是防紫外线的，最好选用标注真空夹层玻璃门的酒柜。

⑤通风。为防止异味堆积，内部通风系统也是必需的。带风冷的酒柜的恒温性也好一些。

8.43 如何携带一支冰凉的酒去饭局

从酒柜里挑选了一支冰凉的葡萄酒，如何把这冰凉的酒带到饭局呢？从冰箱里拿一个速冻冰袋，把酒插进冰袋就可以出门了。

8.44 常见葡萄酒瓶型有哪些

全世界装酒的容器，经历了从皮革袋，到陶瓷罐，再到各种木桶的过程。最后，人们发现装在玻璃瓶中的酒品质最好、保存得最长久，因而玻璃葡萄酒瓶得以普及，并在一些知名的产区发展成标志性的瓶型。

玻璃葡萄酒瓶包括：波尔多瓶、勃艮第瓶、香槟瓶、罗讷河谷（Rhone Valley）瓶、卢瓦尔河谷（Loire Valley）瓶、普罗旺斯（Provence）瓶、摩泽尔瓶和阿尔萨斯瓶、德国长笛瓶、加强酒瓶（相关图片见第七章"古今酒类篇"）。

8.45 瓶子越大代表酒越好吗

一瓶葡萄酒的标准容量是 750mL，所以瓶子的大小无关其中酒的品质。如果希望里面装的酒保存时间长一些，酒庄可能会选择一些高科技材质的瓶子，瓶身也会稍微厚实一些。当然，严格控制陈年酒的储存条件更为关键。

8.46 瓶子的颜色和酒质有关系吗

一般来说，色泽俏丽的干白、甜白、桃红、起泡等浅色葡萄酒会选用浅色的酒瓶，深色的葡萄酒会选用深色酒瓶。无论酒瓶的颜色和厚薄如何，其与酒质的关系都不是太大，和存酒环境才是息息相关的。

8.47 葡萄酒瓶底下为什么有凹槽

很早以前，酿酒过程中的除渣技术不成熟，既没有隔渣设备，也没有低温结晶工艺，瓶底的凹槽可以帮助酒中的沉淀物积存下来。

从使用角度看，凹槽有四大功能：

①使酒瓶更加大气（凹槽越大，瓶子相应地也会越大）。

②结构更稳定，有利于酒瓶的摆放固定。

③结构更坚固，减小酒瓶的爆炸概率。

④提高侍酒过程的方便性和可观赏性。

9 产区等级篇

 9.1 中国葡萄酒产区风土、特色酒庄、葡萄品种

中国是全球葡萄总产量最大的国家（现 50% 以上产量用于鲜食和制作葡萄干）。葡萄树种植面积居全球第二名，葡萄园广泛分布于 179 个县，范围为北纬 24°～ 47°、东经 76°～ 132°。

9.1.1 中国主要葡萄酒产区及特色风土

9.1.1.1 河北（含北京、天津）葡萄酒产区 [种植面积 139.7 万亩（一亩约合 666.7 平方米）]

河北是中华人民共和国成立以来第一款干白（1976 年，怀来）和第一款干红（1983 年，昌黎）的诞生地。如果追溯历史，明朝万历年间（1573—1620 年）河北已有葡萄种植，清朝宣统年间（1909—1911 年）开始了葡萄酒的酿造。

河北省地处东部沿海地区，但境内大部分区域属于温带湿润半干旱大陆性季风气候，主要是因为一座燕山阻隔了东南方向的部分湿润水汽。

河北境内有两大葡萄酒产地，其一是东部沿海地带的昌黎，地势平缓，气候温润；其二是西北方的怀来，地势起伏，海拔达 1 000m，气候相对凉爽干燥。整体来说，河北四季分明，日照适中，雨热同季，干湿期明显。不过，河北的夏季降雨量对葡萄种植来说仍旧过多，需要预防真菌病害。

河北的土壤类型主要有 8 种：褐土、潮土、棕壤土、栗钙土、风沙土、草甸土、

灰色森林土和滨海盐碱土。其中褐土分布面积占比约 35%，主要分布在太行山麓的京广铁路两侧海拔在 1 000m 及以下的低山、丘陵以及山麓平原、冲积扇上中部地带。

随着现代葡萄酒产业的发展，河北已经成为葡萄种植面积全国第二的省份。优秀的产酒带也从东昌黎西怀来，扩展到东部的秦皇岛、唐山，北京房山，天津蓟州区、汉沽，西部的张家口等更多区域。

主要种植葡萄品种：龙眼、牛奶、赤霞珠、品丽珠、美乐、小西拉、马瑟兰、霞多丽、玫瑰香、贵人香、维多利亚、夏黑、早黑宝、金巴拉多、金手指、藤稔等。

重要酒庄：桑干酒庄、紫晶酒庄、马丁酒庄、怀谷酒庄、中法庄园。

9.1.1.2 山东葡萄酒产区（种植面积 64.9 万亩）

1892 年，中国第一个工业化生产葡萄酒的厂家——张裕酿酒公司成立。

山东是典型的暖温带半湿润季风气候，气候温和，夏季温暖湿润、冬季温和少雨。沿海区域受海洋影响，降雨过多，真菌病害为当地葡萄树种植带来很大困扰。

胶东半岛以大泽山—罗山—艾山—牙山—昆嵛山为界，北部由于受半岛中部东西向山脉阻隔，属坡度较陡的丘陵地区，包括烟台、蓬莱等，下半年降雨相对较少，日照时间较长，土壤以棕壤土和粗骨土为主，排水及光照条件佳。南部降雨相对较多，光照偏少，积温更高，具有典型的海岸特色，包括青岛、莱西等，土壤以砂姜黑土、潮土、潮棕壤、滨海盐碱土为主，土壤偏酸到微酸。

主要种植葡萄品种：蛇龙珠、赤霞珠、品丽珠、西拉、烟 73、烟 74、霞多丽、雷司令、白玉霓、巨峰、红地球、玫瑰香、龙眼、牛奶、红宝石、克瑞森、紫甜等。

重要酒庄：张裕酒庄、九顶庄园、薇诺娜酒庄、爱迪尔酒庄、龙庭酒庄。

9.1.1.3 西藏葡萄酒产区

西藏是全世界海拔最高的葡萄酒产地。位于西藏拉萨市曲水县蔡纳乡的葡萄园，海拔高达 3 563m，曾经刷新了爱酒客的认知。而如今的天麓酒庄，更将以 3 911m 的新高度，再次挑战美酒的巅峰极限。

西藏昌都市芒康县的"盐井葡萄酒"，位于茶马古道上，据说由 1855 年来自法国的传教士传入，当时的葡萄可能是源自法国的华夫人、玫瑰蜜，以及欧美杂交品种黑珍珠（Nero d'Avda）。不过经过多年的高原风土历练和酒农的种植发展，早已自然驯化而成特殊的高原葡萄品种，其特性有待生物学家证实。"盐井葡萄酒"产区在 2014 年获得中国国家地理标志产品保护。2015 年，"西藏高原葡萄栽培与酿造工程技术研究中心"在芒康县成立。

另外，在西藏林芝市米林县境内，也有种植葡萄树酿制美酒的民间习俗。

西藏的葡萄产区属高原温带半湿润季风气候，多处于干热河谷地带，具有天然的隔离作用，而且农作物的病虫害少，这些利于葡萄糖分的形成。冬季寒冷干燥，夏季 6—8 月湿润，全中国最强的年均日照更是为葡萄带来浓郁风味，白葡萄受益尤其大。但此处空气稀薄，含氧量少，昼夜温差过大，对葡萄树的种植也是一个挑战。

重要酒庄：天麓酒庄。

9.1.1.4 青海葡萄酒产区

青海盛产青稞酒，但也不乏葡萄酒。在黄河的南岸，民和回族土族自治县内，2013 年已经展开了葡萄美酒的蓝图。可惜现有酒庄主打法式建筑概念，民族特色还未能充分体现。

9.1.1.5 云南葡萄酒产区（种植面积 58.2 万亩）

云南属于亚热带高原山地季风气候，境内多山多湖多河流，最高海拔 6 740m，平均海拔 2 000m。四季气温变化不明显，光照充足、热量丰沛。各地的年平均气温

受海拔和纬度的影响差异极大。云南是我国葡萄成熟最早的地区，农业地位不可小觑。

在喜马拉雅山脉深处，香格里拉梅里雪山山麓之间，孕育出了中国第一批膜拜酒——敖云酒。在香港，6瓶2013敖云酒的拍卖价格高达18 375港元，让全球美酒爱好者燃烧起追逐中国佳酿的热情！

云南有着绝好的葡萄园风土，同时我们也要正视，云南产区的葡萄园普遍存在严重的土壤问题：土壤板结、盐碱化严重、有机质含量过低、不合理使用化肥、不重视使用有机肥、掠夺性种植。

云南省内主要的葡萄产地有：干热的河谷区域（元谋县、永仁县、宾川县），主要种植夏黑、红地球、无核白鸡心等葡萄品种；干热的高海拔区域（德钦县、香格里拉），主要种植赤霞珠、威代尔等葡萄品种；红河流域（弥勒县、建水县、丘北县），主要种植玫瑰蜜、水晶、红地球、夏黑等葡萄品种；温带区域（玉溪市），主要种植红地球、夏黑等葡萄品种。

重要酒庄：藏地天香酒庄、敖云酒庄、香格里拉酒庄、宵岭酒庄。

9.1.1.6 贵州葡萄酒产区（种植面积 43.1 万亩）

贵州是个新兴的葡萄酒产区，20 世纪 80 年代起，已然成为中国颇具规模的葡萄树种植和葡萄酒酿制样板区域。该产区普遍为山地、丘陵及喀斯特地貌明显的坡地。土壤为硅质沙壤土，有机质丰富，排灌方便。整体海拔高、光照充足、雨量适中、气候温和。

现在主要的产地包括：贵阳息烽、清镇、贵安；安顺紫云；六盘水钟山；毕节赫章、织金、金沙、黔西、七星关；遵义习水、播州、湄潭、红花岗、汇川；铜仁碧江、石阡、江口、德江、万山；黔东南丹寨、麻江、凯里、镇远、天柱、施秉、黄平；黔西南都匀、独山、兴义、贵定、荔波、普安等。

六盘水钟山区堪称"中国凉都"。年均气温 13 ～ 14℃，年均降水量 1 182.8mm，年均相对湿度 81%，年日照时数为 1 253 ～ 1 556h，无霜期为 230 ～ 298 天。冬无严寒、夏无酷暑、雨量充沛、气候适宜，为钟山葡萄的生长提供了得天独厚的条件。钟山葡萄产区多在海拔 1 500 ～ 2 000m 的高原山地和丘陵地带。产区无大型工业企业，空气清新，气候温凉，抑制了病虫害的滋生，为葡萄生长提供了良好的生态环境。

2017 年，"钟山葡萄"成为国家地理标志产品。

主要种植葡萄品种：山野水晶、美人指、金手指、夏黑、南玉、阳光玫瑰、巨峰、寒香蜜、美阳、密莉、刺葡萄。

9.1.1.7 四川葡萄酒产区（种植面积 44.7 万亩）

四川葡萄酒产区主要分布于青藏高原的东缘和东南缘当中的高原温带半干旱季风气候区的河谷，集中在海拔 1 500 ～ 3 200m 之间，是全世界平均海拔最高的葡萄种植区域。地势复杂、高低落差大，日照充足，昼夜温差大，冬暖夏凉，葡萄树不需要埋土过冬。土壤以砾质沙壤为主，透气性好。葡萄树多种植在不同海拔的山谷坡地，地域差异明显。这些区域几乎都是雪域高原净土，葡萄园呈梯田分布，通风透光，降低了病虫害的传播概率。

四川主要分为 4 个子产区，分别是以阿坝州茂县、理县为代表的岷江上游子产区；以阿

坝小金、金川为代表的大渡河流域子产区；以甘孜得荣、乡城为代表的金沙江上游子产区；以凉山西昌和攀枝花为代表的安宁河谷子产区。

主要种植葡萄品种：赤霞珠、美乐、蛇龙珠、西拉、品丽珠、霞多丽、水晶葡萄、玫瑰蜜、刺葡萄。

重要酒庄：扎西酒庄。

9.1.1.8 新疆葡萄酒产区（种植面积 225.3 万亩）

新疆占中国陆地总面积约 1/6，是中国最大的葡萄酒产区。新疆葡萄种植历史悠久，极具风情特色。从西汉张骞出使西域起，就向世人展开了丝绸和美酒交织的诗酒画卷。

新疆产区种植葡萄的历史超过 7 000 年。魏晋南北朝时期，这里已经是美酒飘香。当时经营葡萄酒庄的遍及地主、官吏、僧人、平民。

一座高远的天山，把新疆分为南北两部分。北疆属于中温带，南疆属于暖温带。这里日照极强，气候干燥。除了北疆少许地区，大部分区域年日照均可达到 3 000h。吐鲁番地区的年日照甚至超过 3 300h。

新疆最早的葡萄酒，就出现在南疆的吐鲁番盆地。白兰地，最早也出现在新疆。因为葡萄糖度高，所以蒸馏出来的白兰地酒精度也高。

现代新疆葡萄酒产区可分为天山北麓、吐哈盆地、焉耆盆地、伊犁河谷 4 个部分。整体以富含钙质的沙砾土和沙壤土为主，还有沙漠常见的漠土，以及军团垦荒的灌淤土。

天山北麓光照充足，葡萄长势很好，主要种植赤霞珠和美乐，葡萄的酸度低。这里也盛产冰葡萄酒。

吐鲁番在维吾尔语里就是"低地"的意思，吐哈盆地是全世界第二低的盆地。

焉耆盆地的葡萄成熟度很高，但控制酸度是葡萄树种植专家的一大任务。

得益于天山的雪峰和伊犁河水的清凉，伊犁河谷的气候相对凉爽。

新疆种植葡萄品种多达 600 余种，例如：田红、红提、秋黑、红高、圣诞玫瑰、玫瑰香、粉红太妃、里扎马特、赤霞珠、品丽珠、美乐、巨峰、黑皮诺、贵人香、柔丁香、雷司令、霞多丽、无核白、马奶、火焰无核、无核鸡心、淑女红、索索、白皮诺、白诗南、佳美、西拉、佳丽酿、法国兰、白玉霓、烟 73 等。

重要酒庄：芳香庄园、楼兰酒庄、米兰天使酒庄、唐古大漠酒庄、薇蓝酒庄、国菲酒庄、丝路酒庄、沙地酒庄。

9.1.1.9 甘肃葡萄酒产区（种植面积 41.6 万亩）

早在 2 400 年前，甘肃的凉州（现武威市）就已经有了"葡萄酒城"的美誉。古城凉州，是历史上著名的丝绸之路要冲。2 000 年来，欧亚商人、旅客在这里聚集，与中原商贾通商易货，形成了相融共生的区域风情。

张骞从西域带回的欧亚品种葡萄和酿酒技术，也是在这里中转进入中原地区的，可惜现在已基本失传了。

"葡萄美酒夜光杯，欲饮琵琶马上催。"唐代诗人王翰的一首《凉州词》堪称脍炙人口，更是让人们对这里的葡萄美酒充满期待。

甘肃的河流很多，较大的有 450 多条，甘肃可以划分为三大流域：长江流域、黄河流域、内陆河流域。甘肃的山地也很多，按地质地貌大致可分为六个区域：陇南山区、陇中黄土高原、陇东高原、河西走廊、祁连山地和北山山地。

　　甘肃的葡萄酒产区主要集中在河西走廊，已形成武威、张掖、嘉峪关、敦煌等主要产区，正在形成的有酒泉、兰州、天水等产区。

　　河西走廊属于大陆性气候，常年干旱少雨，年降雨量400mm，年积温1 500℃以上。产区以沙壤土质为主，结构疏松，矿物质丰富，利于根系生长。该产区气温较低，葡萄成熟期长，有利于风味物质的积累。冬季寒冷，葡萄树需要埋土防寒。

　　主要种植葡萄品种：黑皮诺、美乐、赤霞珠、霞多丽、赛美蓉、法国兰。

　　重要酒庄：红桥庄园、紫轩酒庄、莫高酒庄、敦煌酒庄、夏搏岚酒庄。

9.1.1.10 宁夏葡萄酒产区（种植面积 48.6 万亩）

宁夏回族自治区位于中国西北部，这里的葡萄种植历史悠久。唐代韦蟾《送卢潘尚书之灵武》诗云"贺兰山下果园成，塞北江南旧有名"，便是对当年河套平原美酒风光的真实写照。

宁夏的土质非常特别。黄河呈一个"几"字形流经这里的戈壁滩沙土，历经几亿年形成了混合洪积扇冲积平原，成土母岩以冲击物为主，富含矿物质。

土壤多为灰钙土、砾石、黏土和沙壤土，含有石头的比例和贺兰山的距离成正比。pH 值在 8 ～ 9 之间，属于弱碱性盐碱土。

宁夏有一句俗语"早穿皮袄午穿纱，围着火炉吃西瓜"，说的就是宁夏地区的特色。这里地势南高北低，海拔在 1 000m 左右，年日照接近 3 000h，早晚温差特别大。加上气候干旱（年降雨量约 200mm，年蒸发量超过 800mm），水果中的糖分积累当然足够，葡萄里的酚类物质含量也会比较高。但是宁夏冬季寒冷干燥，最低温度可能低至－20℃，葡萄树必须埋土过冬。这对葡萄树的栽培管理也是一个挑战。

2002 年，"贺兰山东麓"被确定为国家地理标志产品保护区，保护区总面积达到 20 万公顷。

2011 年，"贺兰山东麓葡萄酒"成为国家地理标志产品，主要种植区域包括银川市区、青铜峡、红寺堡、石嘴山市区、龙垦系统区。

2013 年出台的《宁夏贺兰山东麓葡萄酒产区保护条例》是中国第一个以地方立法的形式，对葡萄酒产区进行保护的条例。同时其产区的规划与建设、产品与质量、专用标识和证明商标等也有了相关规定。

主要种植葡萄品种：赤霞珠、美乐、马瑟兰、蛇龙珠、霞多丽、雷司令、贵人香。

重要酒庄：迦南美地酒庄、西鸽酒庄、蒲尚酒庄、银色高地酒庄、中合馥农酒庄、华昊酒庄、玖禧酩庄酒庄、金色美域酒庄、巴格斯酒庄、志辉源石酒庄、留世酒庄、米擒酒庄、西夏王酒庄。

9.1.1.11 内蒙古葡萄酒产区

内蒙古自治区属温带季风气候，大部分区域属于寒温区，部分属于中温区。有四大沙漠和四大沙地，沙地占内蒙古总土地面积的 60%，属于干旱和半干旱地带。这里全年积温高，昼夜温差大。主要土质为沙壤土、壤土、砾石土。

内蒙古从东至西可分作两大气候区：其一，草原气候区，从东端呼伦贝尔草原至阴山河套平原一带。冰雪期达半年之久。平均气温为－28℃左右，这种气候显然不适合种植葡萄。其二，沙漠气候区，从阴山以西阿拉善沙漠至巴丹吉林沙漠。风暴多，夏季炎热，冬季寒凉，秋季气候温和，集中了目前主要的葡萄种植区域。

内蒙古地域辽阔，从乌金之海到世界沙漠葡萄酒之都。这里从东到西有多个地区种植酿酒葡萄，包括黄河右岸的乌海市（位于库布齐沙漠和乌兰布和沙漠交汇处，东临鄂尔多斯高原，西接阿拉善草原）、黄河左岸的阿拉善盟、中东部的包头地区。

内蒙古葡萄种植历史已有 200 多年。中华人民共和国成立前多为零星栽培，中华人民共和国成立后，特别是近些年伴随着内蒙古防沙治沙工程的建设，葡萄栽培产业得到了飞速发展，形成了一定规模的葡萄生产基地。

主要种植葡萄品种：赤霞珠、蛇龙珠、白羽、白雅、金粉黛、媚丽。

重要酒庄：汉森酒庄、沙恩酒庄、吉奥尼酒庄、云飞酒庄。

9.1.1.12 黑龙江葡萄酒产区

黑龙江地处寒温带，昼夜温差将近 20℃，所以当地葡萄的生长周期长达 150 天。目前在中俄边陲小城——东宁有一块葡萄种植区域，此处自古以来就有野生山葡萄。2007 年引入威代尔葡萄品种。

受海洋性气候影响，这里的气候温和湿润。年平均气温 6℃，有效积温可达 2 900～3 000℃，四季分明，雨热同季，光照充足。

葡萄园紧邻绥芬河，能较多吸收太阳辐射能，并反射大量蓝紫光和紫外线，有利于葡萄成熟期的着色和品质提升。

黑龙江的土质以黑土、草甸土、沼泽土为主，富含多种矿物质以及独特的纯净菌群。为响应国家生态农业号召，这里的葡萄专用肥料主要来自豆粕、玉米芯、秸秆、酒糟。以核心技术配方进行配比发酵，并取得了中国绿色食品发展中心颁发的绿色食品证书。

9.1.1.13 吉林葡萄酒产区

吉林是中国葡萄酒工业化酿造历史较早的产区，葡萄种植主要集中在通化地区。1936 年由日本人创建的长白山葡萄酒厂，1937 年成立的通化葡萄酒厂，都是较早使用山葡萄酿酒的生产企业。至今，酒厂还有当时兴建的地下酒窖和依然在使用的"80 岁高龄"窖藏用的木桶。

众所周知，吉林的冬季极其寒冷，欧亚品种的葡萄大多数不能充分成熟。该地区的栽培普遍采用单一野生山葡萄品种 V. amurensis。1973 年，中国农业科学院特产研究所在当地用山葡萄抗寒种质资源与不抗寒的世界酿酒名种进行杂交育种，培育出了产量高、品质优的左山一、左山二、双丰、双优、双红、左优红、北冰红等新一代山葡萄品种。并研究出了多种山葡萄品种的合理密植、配方施肥、节水灌溉、化学调控、保花保果、无公害生产等综合配套栽培技术，解决了绝对低温－17℃必须埋土覆盖的问题。试验证明，优质改良山葡萄品种种植的绝对低温可达－39.2℃！冬天的葡萄园再也无须埋土。

吉林是世界著名的三大黑土地之一。土质肥沃，物产富饶，其间的河流湖泊众多，水利资源丰富，有牡丹江、图们江、天池等。东部的长白山区不仅盛产人参等药材，"白山松水"的迷人风景也令人流连忘返。

重要酒庄：鸭江谷酒庄、百特酒庄、万通酒庄。

9.1.1.14 辽宁葡萄酒产区（种植面积 57.6 万亩）

辽宁的葡萄种植区域主要集中在桓仁、盘锦一带。桓仁属于长白山余脉，大陆性半湿润季风气候，多为丘陵地形，平均海拔 380m，平均温度 6℃，年日照时间 2 300 ～ 2 400h，四季分明，无霜期有 140 天左右。

这里的土质松软肥沃，以黑钙土为主。水分的渗透和吸收都很通畅，同时也便于葡萄树根部的保湿和透气。主要栽培葡萄品种为各种山葡萄，较温暖区域也少量种植赤霞珠、品丽珠、霞多丽、威代尔、雷司令。

重要酒庄：黄金冰谷酒庄。

9.1.1.15 江苏葡萄酒产区（种植面积 57 万亩）

历史上，从唐代以来，葡萄酒越来越受人们的喜爱。宋代，江苏境内的常州、南京、扬州等地都酿制葡萄酒。值得一提的是，在唐代，诗人们吟咏的葡萄酒中，红葡萄酒和白葡萄酒都有。而在两宋时期，普遍出现在人们视野里的是白葡萄酒。韩玉的《满江红·重九与张舍人》中的"我劝君一杯……今日谋欢真雅胜，休辞痛饮葡萄浪"，更是给葡萄酒贴上了宋代特有的豪放标签。

江苏气候温润，现以种植鲜食葡萄为主。

主要种植葡萄品种：马奶、水晶、夏黑、巨峰、青提、玫瑰香。

9.1.1.16 浙江葡萄酒产区（种植面积 47.3 万亩）

南宋迁都杭州后，开封和中原地区的人民也纷纷沿京杭大运河南下。中原的饮食文化一时齐聚江南，其中当然包括美酒。看过《射雕英雄传》的读者应该对丘真人还有印象。全真教掌门人丘处机，是历史上有名的思想家、养生医药学家。他曾在 74 岁高龄时只身面见成吉思汗，宣扬"去暴止杀，敬天爱民"思想。成吉思汗向丘真人讨教治国和养生之术后，尊称他为"神仙"。这位丘真人同时也是一位爱酒客。他在其养生学说中指出葡萄酒可以"减肥延寿养生"，并有"嘉蔬麦饭蒲萄酒，饱食安眠养素慵"等赞誉葡萄酒养生的诗句。

浙江为亚热带季风气候，现以种植鲜食葡萄为主。

主要种植葡萄品种：蜜光、晨香、绍兴一号、绍兴三号、美香指。

9.1.1.17 湖北葡萄酒产区

湖北的葡萄产地分布在襄阳、十堰。

9.1.1.18 湖南葡萄酒产区

湖南拥有南方最大的葡萄种质资源圃。葡萄产地分布在常德澧县、怀化中方县。

9.1.1.19 重庆葡萄酒产区

重庆以种植本土毛葡萄[①]为主。

9.1.1.20 广西葡萄酒产区（种植面积49.5万亩）

在广西，种植最广泛的葡萄品种是毛葡萄的亚种 V. heyneana Roem. 和 V. Schult subsp.heyneana。其因为叶呈五角，无叶裂，叶背有永久性密绒毛而得名。

广西毛葡萄酿酒的历史源远流长。河池市罗城仫佬族自治县历来就有"以果代粟酿酒"的风俗，一来可节粮以济民食，二来可酿酒以祛除湿热之地的瘴气带来的疾病。300多年前，清朝的一代廉吏于成龙治理罗城，就大力促成了当地的毛葡萄酿酒之风。广西山区以毛葡萄酿制葡萄酒的习俗流传至今。

2003年，生物学家在广西发现了世界首株原生种两性花野生毛葡萄Y17。之后通过扦插、组培"克隆"等方式，选育出一个两性花毛葡萄新品种。示范种植获得成功，并开发了NW196、V32、213、741、B2、04-1、04-2等南方酿酒葡萄新品种。近年来，生物学家在都安，以毛葡萄为母本、欧亚葡萄为父本培育出"桂葡一号"。采用破除休眠剂来促进发芽（在冬季气温高于7℃的温暖地区，会出现由于低温不足导致发芽延迟和不整齐的现象），结合其他技术，还可以实现一年两收。

2004年，都安瑶族自治县"中国野生毛葡萄酒原产地"获注册认证。

2016年，"罗城毛葡萄"获中国农产品地理标志登记认证。

主要种植葡萄品种：毛葡萄、桂葡一号。

9.1.1.21 广东葡萄酒产区

广东的葡萄产地分布在韶关乐昌，以种植紫秋刺葡萄为主。

---

① 毛葡萄是和恐龙同时代的上古孑遗植物的支系。植物学者在标本室大多将产于青藏高原及云南、贵州、四川山地的毛葡萄定义为 V. lanata Roxb.；将华中至西南（包括广西）的毛葡萄定义为 V. quinquangularis Rehd.；而华北的毛葡萄叶片时有分裂，故定义为变种 V. ficifolia Bge.。

9.1.1.22 福建葡萄酒产区

福建的葡萄产地分布在龙岩。

9.1.1.23 台湾葡萄酒产区

台湾的葡萄产地分布在阿里山。

9.1.1.24 陕西葡萄酒产区（种植面积 73.8 万亩）

众所周知，商周起，陕西曾长期是中国的政治中心。西安更是中国的 13 朝古都。汉武帝派张骞出使西域从大苑带来了欧亚种葡萄，传至西安。今天的关中腹地——渭北旱塬产区就是唐太宗的皇家葡萄园林所在地。现陕西葡萄园主要分布在泾阳、咸阳等地区。

陕西以秦岭为界形成陕北黄土高原、关中平原和陕南秦巴山地。光照充足，生长期降雨正常，成熟期降雨偏少。秦岭以北地区的葡萄树需要埋土防寒，以南地区的葡萄树可以露地过冬。部分幼苗和抗寒性较差的品种需要浅埋土或培土越冬。

陕西的土质为黑垆土、黄绵土、黄棕壤、风沙土等，土层深厚，耕作层松软，保肥能力强，土壤中富含矿物质，利于根系生长。

主要种植葡萄品种：户太 8 号、红提、早丰、青提、巨玫瑰、兴化、阳光玫瑰、夏黑、京亚、巨峰、红地球、藤稔、美人指、金首阳 1 号、金首阳 2 号、红富士、赤霞珠、蛇龙珠、白玉霓。

重要酒庄：天润酒庄、甲邑酒庄、天菊酒庄、百贤酒庄、赫王酒庄、秦族酒庄、西凤御林酒庄、玉川酒庄、红屋顶酒庄。

9.1.1.25 山西葡萄酒产区

刘禹锡《蒲桃歌》中的"自言我晋人，种此如种玉。酿之成美酒，令人饮不足"，生动地描述了种葡萄酿美酒自古就是山西的生活元素之一。

山西属于温带大陆性季风气候。恒山以北属中温带，以南属暖温带。按湿度分，大部分地区为半干旱地带，晋中高山区和晋东南为半湿润地带，日照充足，年均日照达 2 000～3 000h，昼夜温差可达 15℃，年降雨量为 400～700mm。海拔 1 000m 以上的山地丘陵占了 80%，平原占 20%。土层厚度达 200m，主要土质为褐土，富含钾、钙，质地深软保肥，容易农耕，适合葡萄树生长。

关于山西葡萄酒的起源，一说春秋五霸晋文公的母亲戎子是山西葡萄酒的创始人。话说游牧民族狄戎当时曾在山西乡宁以北活动，戎子是部落首领狐突的女儿。每逢初秋，戎子和姐妹们会去野外采摘葛藟（野生葡萄）食用，用皮囊带回住地。有一次遇到大丰收，戎子就把葛藟装在皮囊里，埋到地下。数日后来取时，囊中葛藟早已自然发酵，酒香扑鼻，葡萄美酒已然酿成。当时她还给葡萄酒起了一个名字——缇齐。后来狄戎和晋国交好，晋国公子姬诡诸（即后来的晋献公）娶了戎子为妻。他们的儿子重耳，便是后来的晋文公。

另一种说法是在汉代时，山西清徐马峪一带有一姓王的皮货商人，从大西北贩卖皮货，带回葡萄枝条，在当地栽植成功，开启葡萄酒酿造先河。唐太宗李世民在太原多年，人称"太原公子"。《太平御览》记载，李世民酷爱葡萄酒，曾亲自用清徐的龙眼葡萄酿制美酒。登基后，还将当地酿造葡萄酒的作坊御封为"李氏作坊"。说到唐朝的酿酒大师，由李世民的《赐魏征》来揭晓："醽醁胜兰生，翠涛过玉薤。千日醉不醒，十年味不败"。兰生和玉薤是隋代的名酒，而醽醁和翠涛就是魏征所制佳酿。

元朝时，山西葡萄园规模颇大，意大利人马可·波罗所著《马可·波罗游记》，记录了其在元代政府供职十七年的所见所闻。在描述山西部分写道："出太原府，过桥三十里有大片葡萄园，还有很多酒……"按方位，所指即清徐的葡萄园，酒就是清徐酿造的葡萄酒。

山西清徐的白葡萄酒，用成熟龙眼葡萄，在室内暖房烘干，再以砂锅熬炼浓缩，然后自然发酵而成。这完全可以和意大利的阿玛罗尼分庭抗礼。

1949 年，中华人民共和国开国大典用酒，正是山西清徐酿造的白葡萄酒。

太行山西麓的左权县，有一个同样以英雄之名命名的湖泊——左权湖，其为周围的葡萄园带来独特的湖泊效应。该产区平均海拔 1 200m，四季分明，光照充足。左权湖在冬季能为葡萄园带来持续 30 天的恒定低温，湖泊的湿润，既让葡萄树顺利结冰又使得自然挂枝冰葡萄树免于干枯。当地引进种植威代尔葡萄酿制冰酒。

主要种植葡萄品种：龙眼、威代尔、小芒森（Petit Manseng）、赤霞珠、美乐、西拉。

重要酒庄：戎子酒庄、马裕酒庄、太行冰谷酒庄、凤凰酒庄。

9.1.1.26 河南葡萄酒产区（种植面积 54.5 万亩）

河南是农业大省，也是中原文明的发源地。在之前的"历史人文篇"我们已经提到，考古学家发现 9 000 年前中国舞阳贾湖人已经开始酿酒。在贾湖遗址发现的酒中，有野生葡萄、山楂、蜂蜡、稻米等成分，堪称世界酿酒鼻祖。

多年前的北宋都城开封府，更是世间繁华无两。据说北宋国内生产总值约占当时全世界总和的 45%。葡萄酒当然销量颇丰。北宋朱肱在《北山酒经》中对葡萄酒的酿制方法作了介绍："酸米入甑蒸，气上，用杏仁五两（去皮尖）、葡萄二斤半（浴

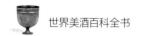

过干，去子皮），与杏仁同于砂盆内一处，用熟浆三斗逐旋研尽为度，以生绢滤过。其三斗熟浆泼饭，软盖良久，出饭摊于案上，依常法候温，入曲搜拌。"这种方法和今天的酿制方法相比颇有差异。

河南位于暖温带向亚热带过渡地带，是半湿润季风气候。黄河冲积平原造就砂质土壤，现以种植鲜食葡萄为主。葡萄酒加工企业数十家，主要产地为兰考县、民权县。

主要种植葡萄品种：贵人香、白羽、红玫瑰、品丽珠、赤霞珠、晚红蜜、巨峰、藤稔。

9.1.1.27 安徽葡萄酒产区

安徽位于长江中下游，兼具北方和南方的气候特征。种植葡萄已有 1 000 多年的历史，在明代嘉靖年间编著的《萧县志》就有相关记载。近几十年来重新开始酿酒葡萄的种植，出品的美酒包括味美思、白兰地等，主要产地集中在宿州市萧县。

2018 年，"萧县葡萄"获国家地理标志产品保护。

主要种植葡萄品种：玫瑰香、白羽、维多利亚、醉金香、金皇后、佳丽酿、龙眼、黑罕、北醇。

9.1.2 特色葡萄品种

中国现种植的葡萄品种超过 2 000 种，其中山葡萄、刺葡萄和毛葡萄是我国三大特色葡萄种源。中华人民共和国成立后，又培育了多种衍生品种。整体来看，葡萄种植面积和产量，还是以国际品种为主，不过，具有中国特色的本土葡萄，也有发展成为国际品种的潜力。

9.1.2.1 无核白

无核白属于白葡萄品种，适合在西北高温、干旱、生长期较长的地区种植。在中国新疆吐鲁番种植历史悠久。该品种中晚熟，天然无核，果皮色泽黄绿发亮，成熟时含糖量高达24%，为世界之最。无核白可鲜食或制成葡萄干，也可以酿酒。吐鲁番是无核白的重点产区，也是我国葡萄栽培面积最大、产量最高的特色葡萄产区。无核白种植面积占吐鲁番葡萄的90%以上。

明代徐光启所著的《农政全书》中写道："西番之绿葡萄，名兔睛，味胜刺蜜。无核，则异品也。"清代诗人肖雄也写道："有数种，一为白葡萄，即汉时所进之绿葡萄也……其甜足倍于蜜，无核而多肉。"还有"大宛风味汉家烟"之句。

9.1.2.2 刺葡萄

刺葡萄属于红葡萄品种，是中国特有的野生葡萄品种，由于枝条上密布皮刺而得名。本品是东亚种群中既能鲜食又能酿酒的特色品种，可作葡萄杂交育种的种源材料，也可作耐湿性砧木。

刺葡萄可适应高温多湿的条件，抗病虫害能力强，产量高。果色紫黑，白藜芦醇、花色苷的含量较高，酸度高，入口爽，有三华李和紫罗兰的花果香。现在云南、贵州、四川、湖北、湖南、江西、福建、浙江、江苏等省均有分布，在广东又名为"紫秋葡萄"。

9.1.2.3 毛葡萄

毛葡萄属于红葡萄品种，因为其叶呈五角，无叶裂，叶背有永久性密绒毛而得名。本品是中国野生葡萄中研究和利用较深入的品种。该品种色泽深黑，皮厚高酸，成熟果可食用可酿酒，野生风味独特。也可作为原料用来调色调酸。

毛葡萄根皮和叶可入药。根皮能调经活血、舒筋活络；叶能止血，用于外伤出血。该品种现在华中、华东、西南、华南北部、西北的陕西和甘肃及华北的山西等地均有分布。

9.1.2.4 山葡萄

山葡萄属于红葡萄品种，原产于中国东北，是中国重要的本土品种，是世界上最抗寒的葡萄种类，主要种植在气候寒凉的东北、华北等地区。该品种抗病性极佳，是生物学家进行抗寒、抗病育种的重要种源材料。在使用山葡萄培育出的品种中，北醇、公酿一号等都有着不错的表现。

山葡萄酿酒通常会采取降酸工艺处理，出品的甜型葡萄酒一般酒精度低，口感清新，酸度、甜度和单宁均衡，有山楂等果香和野山参的气息。

9.1.2.5 左优红

左优红属于红葡萄品种，原产于中国，是由中国农业科学院特产研究所花费20年时间，通过山葡萄品系与欧亚品系的反复杂交繁育，最终由"79-26-18"与"74-1-326"杂交培育出来的品种，2005年定名。左优红果粒小，深蓝黑色，果粉厚，果皮薄，抗寒性和抗病性均强，能抵御-35℃低温。果实含可溶性固形物18.5%～24.4%，总酸1.191%～1.447%，出汁率66.4%。在东北、华北、西北有种植。

9.1.2.6 北冰红

北冰红属于红葡萄品种，是1995年由中国农业科学院特产研究所用"左优红"作母本，山-欧F2代葡品系"84-26-53"作父本进行杂交，选育出的新品种。2008年通过审定。北冰红果实含糖量高，总酸和单宁适中。该品种抗寒性极强，在鸭绿江河谷栽培，可以在树上自然挂果至冰冻，是酿造冰酒的上佳原料。所酿造的

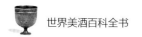

冰酒呈深宝石红色，高酸高糖，结构饱满，质地柔滑细腻，具有浓郁的蜂蜜和杏仁等复合香气。

9.1.2.7 龙眼

龙眼属于红葡萄品种，是中国古老的葡萄品种之一，种植历史超过 800 年（在唐代已经盛行），在河北和山西广泛种植，同时也是少数用红葡萄来酿造白葡萄酒的品种之一。龙眼晚熟，成熟时果皮呈浅紫红至玫瑰红色，皮薄透明，果肉硬实。用龙眼酿造的干白美酒，散发着诱人的龙眼、荔枝果香，口感柔滑，酸度怡人。

9.1.2.8 媚丽

媚丽属于红葡萄品种，是西北农林科技大学采用"欧亚种内轮回选择法"选育而成的一个葡萄新品系，有较强的抗寒性和抗病性。现今广泛种植在陕西、山西以及内蒙古等地区。该品种色泽鲜艳，质地脆硬，香气浓郁，充满山野气息，含糖量高。酿造出的葡萄酒香气浓郁，且颜色十分艳丽，常用于酿制干白葡萄酒和桃红葡萄酒。

9.1.2.9 玫瑰蜜

玫瑰蜜属于红葡萄品种，18 世纪由法国传入云南弥勒，当地人称"黑葡萄"。1866 年，法国发生根瘤蚜灾害，玫瑰蜜从此在法国本土绝迹，弥勒是唯一保留古老原始玫瑰蜜的产地。

玫瑰蜜果皮呈紫红至紫黑色，具有浓郁、纯正的玫瑰花和蜂蜜香气，酒质圆润丰满。

9.1.2.10 玫瑰香

玫瑰香属于红葡萄品种，是欧亚种葡萄，原产于英国，由亚历山大和黑罕杂交而成，在很多国家广泛种植，1871 年由美国传教士引入山东烟台，现在中国已经形成完整的栽培管理体系，在山东、河北、新疆等地均有种植。玫瑰香含糖量较高，有浓郁的麝香果味，但不宜陈年。

9.1.2.11 北醇

北醇属于红葡萄品种，1954 年由中国科学院植物研究所北京植物园以玫瑰香与山葡萄杂交培育而成，适应性和抗逆性均强。该品种可抗寒、抗旱、抗湿，产量丰，含糖量高，酒香和口味有山葡萄的特征。与之类似的葡萄品种还有北玫、北红等。亦可用作砧木。

9.1.2.12 蛇龙珠

蛇龙珠属于红葡萄品种，欧亚种葡萄，是法国古老的葡萄品种。1892 年被引入山东烟台，一度被认为是张裕酿酒公司培育的新品种。该品种中晚熟，色紫黑，有草青香气和黑加仑、丁香花蕾气息，单宁细致，适合陈年。

2015 年，瑞士生物学家 José Vouillamoz 通过对比分析从张裕葡萄基地所采集的样本，认定其和智利广泛种植的佳美娜有着几乎相同的 DNA，现在中国山东、河北、宁夏等地有种植，种植面积为全球之冠。2016 年 5 月 25 日，香港举办了首个"世界蛇龙珠日"。

9.1.2.13 马瑟兰(Marselan)

马瑟兰属于红葡萄品种，原产于法国。"Marselan"这个名字源于法国地中海沿岸小镇 Marseillan。1961 年法国农业研究中心将歌海娜和赤霞珠杂交获得了马瑟兰，但没有广泛推广。2019 年法国波尔多将其加入法定品种之列。

马瑟兰为中晚熟品种，耐热，适应性强，果穗大，果粒小，抗灰霉病能力强。所酿造的酒颜色深，果香浓郁，具有桂皮、薄荷、青椒的香气。其酒体丰满，单宁细腻。

2001 年马瑟兰被引入中国，在中国河北的怀来、北京的延庆、山东的蓬莱、新疆的和硕、甘肃的天水、宁夏等地都有种植。

 9.2 如何正确辨识中国葡萄酒酒标

酒标图解如下：

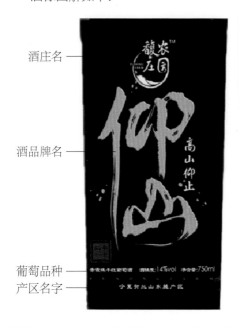

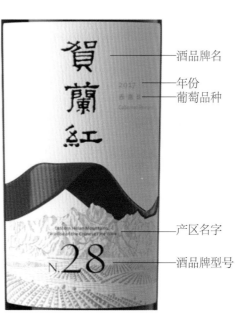

9.3 中国葡萄酒的等级制度

中国葡萄酒现在采用的是农产品地理标志保护认证（AGI）制度。

中国并没有全面推行分级评选制度，目前对葡萄酒进行权威评级的主要有：

2005 年，酒百合团队推出首个国际美酒（含葡萄酒）WINELIFE 六品（色、香、味、真、善、美）评分体系和六品（下品、凡品、中品、精品、上品、极品）评级制度，开启了用中国标准品评中国美酒，乃至世界美酒的新时代。

2013 年，宁夏贺兰山东麓产区举办列级庄评选活动，当年仅 10 家酒庄入选五级。截至 2019 年，评选结果为二级庄 3 家、三级庄 6 家、四级庄 22 家、五级庄 16 家。

2018 年，云南产区香格里拉酒庄发布中国首个单一葡萄园标准。

9.4 意大利葡萄酒产区及特色葡萄品种

9.4.1 意大利分为 20 个产区，等同行政区划分

表 9-1　意大利葡萄酒产区介绍

产区	主要葡萄酒产区及特色风土
瓦莱·达奥斯塔（Valle d'Aosto）	瓦莱·达奥斯塔是欧洲海拔最高的法定产区，也是意大利产量最小的产区，西北角就是高耸的勃朗峰。葡萄多种在向南的山岩上，只有一个 DOC（Denominazione di Origine Controllata e, 法定产区）
皮尔蒙特	皮尔蒙特位于意大利西北部，拥有 17 个 DOCG（Denominazione di Origine Controllata e Garantita，法定限制产区）和 46 个 DOC，居意大利之最，大多种植本地品种。知名的 DOCG 包括麝香阿斯提（Moscato d' Asti, 起泡酒）、佳维（Gavi，干白），以及意大利最有力量的红酒，如巴巴瑞斯柯（Barbaresco）和巴罗洛（Barolo），采用单一特级葡萄园认证体系。 重要酒庄：佳雅酒庄、多诗酒庄、威缇酒庄、卡瓦洛图酒庄、赛拉图酒庄、太阳神酒庄
伦巴第（Lombardia）	伦巴第是时尚之都米兰所在地，拥有 5 个 DOCG，22 个 DOC，15 个 IGT（Indicazione Geografiche Tipici，地区餐酒）。国际品种很流行，也是意大利最大的稻米产区。知名的 DOCG 包括福瑞恰科塔（Franciacorta，用传统方法酿造的起泡酒），思科赛图华特连那（Sforzato di Valtellina，用内比奥罗酿制的风干葡萄酒）
特伦蒂诺上阿迪杰（Trentino Alto Adige）	特伦蒂诺上阿迪杰是意大利最北的产区，位于阿尔卑斯山南坡。冬天非常寒冷，以各种国际品种白酒见长，本地的红葡萄格勒瑞、特洛迪歌、玛泽玉洛很少向外流通。拥有 10 个 DOC，4 个 IGT

（续表）

产区	主要葡萄酒产区及特色风土
威尼托（Veneto）	威尼托的法定产区酒在意大利排第一名，其中 70% 用于出口。这里种植着许多原生的葡萄品种，拥有 14 个 DOCG、28 个 DOC、10 个 IGT，是 10 年来品牌进步最大的产区。知名的 DOCG 包括：阿玛罗尼瓦尔波利切拉（Amarone della Valpolicella，风干葡萄酒）、瑞巧多（Recioto della Valpolicella，甜红葡萄酒）、科尼－华都普罗塞克（Conegliano-Valdobbiadene Prosecco，起泡酒，卡提山的最佳）、苏阿维（Soave，干白葡萄酒）。 重要酒庄：昆塔瑞利酒庄、贝塔尼酒庄、马西酒庄、托马斯酒庄、艾格尼酒庄
费留利威尼斯茱莉亚（Friuli Venezia Giulia）	费留利威尼斯茱莉亚位于意大利东北部，东面是斯洛文尼亚。葡萄从东方传入时，这里是意大利首站。拥有 4 个 DOCG、12 个 DOC、3 个 IGT。2 个 DOCG 都以本土葡萄酿制：雷曼杜罗（Ramandolo，甜酒，以维杜佐葡萄酿制）、费留利东坡（Colli Orientali del Friuli Picolit，甜酒，以皮科里特葡萄酿制）
利古里亚（Liguria）	利古里亚是意大利种植面积第二小的产区，但依然种植了 100 种葡萄。世界文化遗产五渔村以梯田葡萄园闻名。出品的沙克特拉（Cinque Terre Sciacchetra）风干甜葡萄酒和干白葡萄酒，与绝佳的风景相得益彰。拥有 8 个 DOC、3 个 IGT
艾米利亚罗马那（Emilia Romagna）	艾米利亚罗马那是意大利的醋都和美食之都，也是跑车之都，兰博基尼、法拉利、玛莎拉蒂三大品牌都在这里起家。南部有意大利最早的 DOCG 白酒阿巴纳罗马那（Albana di Romagna，1987 年认证）。北部有独特的兰布鲁斯科（Lambrusco）起泡酒，使用同名葡萄品种系列酿制，以红色为主，也有白色和粉红色。拥有 2 个 DOCG、19 个 DOC、9 个 IGT。 重要酒庄：日欣酒庄
托斯卡纳	托斯卡纳可算经典名庄云集。经典奇安地（Chianti Classico）是意大利最早认定的产区（1716 年），布鲁诺（Brunello di Montalcino）产区和蒙特布恰诺贵族酒（Vino Nobile di Montepulciano）产区是最早的 DOCG 红酒所在地（1980 年）。拥有 11 个 DOCG、41 个 DOC、6 个 IGT。意大利最昂贵的葡萄酒也大部分出自托斯卡纳，但往往因为使用了非法定的葡萄品种，只能得到 IGT 的认证。 重要酒庄：西施佳雅酒庄、奥雷莱雅酒庄、碧昂地山迪酒庄、安东尼世家酒庄、卡萨诺瓦酒庄、麓鹊酒庄
翁布里亚（Umbria）	翁布里亚位于托斯卡纳东南。拥有 2 个 DOCG、13 个 DOC、6 个 IGT
马尔凯（Marche）	马尔凯东临阿德里亚海，地势从高山到海滨。拥有 5 个 DOCG、15 个 DOC、1 个 IGT

（续表）

产区	主要葡萄酒产区及特色风土
拉齐奥（Lazio）	拉齐奥产区的 1966 年法拉斯卡迪（Frascati）是意大利最早的 DOC 白酒，使用玛尔瓦萨葡萄和特比安诺葡萄混酿，之后升级成为 Frascati Superiore DOCG。首府罗马东南部的皮格里奥（Cesanese del Piglio）DOCG，使用土产葡萄赛桑纳斯混酿，极有特色。拥有 3 个 DOCG、27 个 DOC、4 个 IGT。 重要酒庄：罗马酒庄
阿布罗佐（Abruzzo）	阿布罗佐位于意大利中部。蒙特布西安诺是特产，占了 50% 以上的份额，既可酿制干红和桃红，风干后也可酿制甜酒帕赛托（Passito）。拥有 2 个 DOCG、8 个 DOC、10 个 IGT。 重要酒庄：雅诺丝酒庄
莫里塞（Molise）	莫里塞以前隶属阿布鲁佐，20 世纪 80 年代才独立出来，多为山地。有 4 个 DOC、2 个 IGT
坎帕尼亚（Campania）	坎帕尼亚历史悠久，多火山坡地，有不少古种希腊葡萄。有 4 个 DOCG、13 个 DOC、9 个 IGT。最出名的是使用艾格尼寇葡萄酿制的红酒托拉斯（Taurasi）。另外，意大利薄饼起源于此
普利亚	普利亚地势平坦，种植品种以黑曼罗和普瑞米提沃为主。酿成的酒色泽深浓，酒精度高，产量大，被称为"欧洲酒库"。有 4 个 DOCG、28 个 DOC、6 个 IGT。 重要酒庄：圣客酒庄
巴西里卡塔（Basilicata）	巴西里卡塔可能是意大利最早种植葡萄的地方，现在寂寂无闻。火山产区乌尔图（Vulture）颇有特色。有 1 个 DOCG、4 个 DOC、1 个 IGT
卡拉布里亚（Calabria）	卡拉布里亚的葡萄酒以酒精度高出名。土产葡萄嘉里奥普和马利克在其他地区比较少见。有 9 个 DOC、13 个 IGT
西西里	西西里物产丰富，一直是意大利的农业大省。这里有很多土产葡萄品种，比如黑珍珠和法莱帕托。产区分为西部特拉帕尼省（盛产玛莎拉），南部拉古萨（维多利亚市出产的 Cerasuolo di Vittoria DOCG），东北部埃特纳火山（Etna），有 1 个 DOCG、23 个 DOC、6 个 IGT。 重要酒庄：弗洛里奥酒庄
撒丁岛（Sardegna）	撒丁岛的葡萄种植很多是不带支架的，自然生长。撒丁岛东北部薇曼嘉路拉 Vermentino di Gallura DOCG 白酒和西南角佳丽酿索斯 Carignano del Sulcis DOC 红酒，其葡萄品种都来自西班牙。有 1 个 DOCG、17 个 DOC、15 个 IGT

9.4.2 特色葡萄品种

至今，意大利的葡萄酒商业品牌约有 30 万种，有 70 多个 DOCG 和 300 多个 DOC。本土品种和衍生变种繁多，看到这里，几乎没有人敢自认行家吧？不过，对葡萄酒的狂热爱好者来说，意大利却是一片酒趣无限的乐土，值得终生学习和探索。

9.4.2.1 麝香葡萄（Muscato）

麝香可能是地球上人类栽培的最古老的葡萄家族。原产地为亚洲，现已遍布全球。共有 200 多个品类，白、粉、红颜色各异，包括小粒麝香（Muscat Blanc a Petits Grains）、亚历山大麝香（Muscat of Alexandria）、奥托奈（Muscat Ottonel）、粉红麝香（Muscat Rose a Petits Grains）等。它们的共同特点就是富含大量的单萜烯（Monoterpenes）。麝香香气极其馥郁丰富，有玫瑰、草莓和苹果的味道。它在不同的国家其拼法各异，比如 Moscatel（西班牙和葡萄牙）、Moscato/Moscatello（意大利）、Muskat（德国）、Moschato（希腊）等。其种植面积在意大利排第四位，是酿制皮尔蒙特知名的 d'Asti 起泡酒的原材料。

9.4.2.2 卡尔卡耐卡（Garganega）

卡尔卡耐卡属于白葡萄品种，是威尼托古老的品种，酿制苏阿维干白常用葡萄，在西西里岛被称为"Grecanico"。该品种晚熟，丰产，高酸清新，常带有鲜梨、柠檬、杏仁的味道。

9.4.2.3 特比安诺（Trebbiano）

特比安诺属于白葡萄品种，在法国被称为"Ugni Blanc"（白玉霓），是意大利产量最大的白葡萄。特比安诺可酿制干白和葡萄蒸馏酒，在意大利所有的 DOC 白葡萄酒中，有 1/3 是用该葡萄酿制的。该品种丰产，高酸低糖，酒体轻盈，口感爽脆平淡。

9.4.2.4 格雷拉（Glera）

格雷拉属于白葡萄品种，是普罗塞克常见品种。2009 年，葡萄品种普罗塞克改名为格雷拉，只有产自孔尼瓦度普罗塞克和阿索普罗塞克两个 DOCG 产区的格雷拉可以标注普罗塞克，格雷拉至少占比 85%。该品种晚熟，高酸，有油桃和肥皂的香气。

9.4.2.5 维杜佐（Verduzzo Friulano）

维杜佐属于白葡萄品种，是意大利古老品种，是韦尔杜索（Verduzzo）的变种之一。在费留利威尼斯茱莉亚表现上佳，酿制干白和甜酒均有出色表现。该品种果皮厚，果肉多汁，甜美精致。其他表现出色的变种还有特雷维索韦尔杜索（Verduzzo Trevigiano）、绿色韦尔杜索（Verduzzo Verde）和黄色韦尔杜索（Verduzzo Giallo）。

9.4.2.6 波斯克（Bosco）

波斯克属于白葡萄品种，是利古里亚传统品种，在五渔村的葡萄园随处可见。因为其酒体和口感饱满，所以被称作"披着白葡萄外衣的红葡萄"。该品种生命力旺盛，成熟期适中，有榛子、无花果干、蜂蜜的气息，酸甜可口。

9.4.2.7 阿巴纳（Albana）

阿巴纳属于白葡萄品种，是意大利古老的品种，1305 年就有品酒描述，名字起源于拉丁语"Alba"，意为白色。DNA 鉴定结果显示它和意大利另一古老的白葡萄品种卡尔卡耐卡有亲子关系。1986 年，艾米利亚罗马那的阿巴纳罗马那成为意大利首个获得 DOCG 身份的白葡萄酒，其典型的玉兰花甜香沁人肺腑。

9.4.2.8 卡塔拉托（Catarratto）

卡塔拉托属于白葡萄品种，原产于西西里岛，中晚熟，量大，是西西里种植面积最广的品种。常见品种为普通白卡塔拉托（Catarratto Bianco Comune）和闪亮白卡塔拉托（Catarratto Bianco Lucido）两种。优质的卡塔拉托清新明亮，有柑橘、草本、坚果、矿物质气息，是酿制名酒玛莎拉（意大利第一款 DOC 甜酒，1969 年）的主要原料。另一种在西西里岛常见的品种格里罗（Grillo），是卡塔拉托和亚历山大麝香的杂交后代。

9.4.2.9 科迪斯（Cortese）

科迪斯属于白葡萄品种，在意大利种植历史悠久。该品种早熟，果皮薄，酸度高，是佳维产区最常用的酿酒白葡萄，口感酸爽明快。

9.4.2.10 菲安诺（Fiano）

菲安诺属于白葡萄品种，是意大利南部莫里塞、坎帕尼亚、西西里岛常见品种。该品种花蜜香馥郁，质地顺滑，产量不大。

9.4.2.11 玛尔瓦萨（Malvasia）

玛尔瓦萨是葡萄家族的名字，原产于希腊，系列包括白玛尔瓦萨（Malvasia Bianca）、切兰诺玛尔瓦萨（Malvasia di Schierano）、大黑玛尔瓦萨（Malvasia Negra）、小黑玛尔瓦萨（Malvasia Nera）、黑面包玛尔瓦萨（Malvasia Nera di Brindisi）等，在意大利、法国、西班牙葡萄园广泛种植。白玛尔瓦萨芳香、低酸、高糖，酿造干白、甜白、起泡酒均很出色。而黑玛尔瓦萨酿制的干红在皮尔蒙特和普利亚都有上佳表现。玛尔瓦萨在葡萄牙也被称为玛姆奇（Malmsey），是四大马德拉贵族品种之一。

9.4.2.12 内比奥罗（Nebbiolo）

内比奥罗属于红葡萄品种，名字源于皮尔蒙特语中的"Nebbia"，意思是"雾"。该葡萄果皮在成熟期往往会覆盖一层像雾的白霜。各地也称 Vercelli、Chiavennasca 等，可能起源于当地的弗雷萨（Freisa）葡萄。该品种皮硬粒小，早发芽，晚熟，生长周期长，对光照的要求高，喜石灰泥质和沙质土壤。该品种高酸高单宁，颜色浅，香气微妙复杂，好年份可以酿制优秀的葡萄酒。

9.4.2.13 巴贝拉（Barbera）

巴贝拉是意大利种植面积第二大红葡萄品种。该品种晚熟，颜色深，单宁低，即使成熟依然高酸，常用来调酸、调色。

9.4.2.14 多姿桃（Dolcetto）

多姿桃本意为"小甜果"，是皮尔蒙特种植面积第三大红葡萄品种。该品种早熟，花青素含量高，低酸低单宁，果香浓郁，发酵过程中容易产生沉淀物。

9.4.2.15 科维纳（Corvina）

科维纳属于红葡萄品种，原产于威尼托，是瓦尔波利切拉（Valpolicella）和巴多利诺（Bardolino）最重要的红葡萄品种。该品种晚熟，皮厚，高酸，风干后能发展出特别美好的香气和风味，酿制中可由克隆品种科维诺涅（Corvinone）代替，后者风格更为厚重。

9.4.2.16 罗蒂内拉（Rondinella）

罗蒂内拉属于红葡萄品种，原产于威尼托，是阿玛罗尼的重要原料之一。该品种晚熟，抗病性强，产量高，果皮厚，颜色深，高单宁，常和科维纳搭配，补给颜色和单宁。

9.4.2.17 莫利纳拉（Molinara）

莫利纳拉属于红葡萄品种，原产于威尼托，是阿玛罗尼的传统三大葡萄品种之一，其字面上有面粉的意思，因为其开花时像极了面粉。该品种中晚熟，抗病性强，产量高，酒体轻，颜色浅，高酸，酒精度高，口感清新，近年有要被结构感更强大的欧塞雷塔等品种取代的传闻。

9.4.2.18 欧塞雷塔（Oseleta）

欧塞雷塔属于红葡萄品种，据说是被驯化的威尼托野生葡萄。该品种晚熟，色深，产量低，高单宁，大骨架，有草药和肉桂气息。

9.4.2.19 兰布鲁斯科（Lambrusco）

兰布鲁斯科属于红葡萄品种，是艾米利亚罗马那的特产，由野生品种发展而来，高产，生命力旺盛，酿制干—半甜起泡酒俱佳。该品种有紫罗兰和山楂的香气，在顶级葡萄园可以有极其精妙的表现，和其他葡萄杂交的变种达60多种，遍布全意大利。

9.4.2.20 圣乔维斯（Sangiovese）

圣乔维斯属于红葡萄品种，是意大利种植面积最大的红葡萄品种，各地也称 Brunello、Morellino、Prugnolo Gentile。该品种晚熟，

产量中等，高酸高单宁，香气悠扬丰富。好的葡萄园可以酿制结构宏大、极具陈年潜力的佳酿。

9.4.2.21 蒙特布西安诺（Montepulciano）

蒙特布西安诺属于红葡萄品种，起源于意大利中部的阿布罗佐。该品种晚熟，色深，单宁强劲，有萨拉米（欧洲腌制肉肠）的特别香气，常用来混酿其他口感柔和的葡萄酒。托斯卡纳的蒙特布西安诺贵族酒是用圣乔维斯加入卡内奥罗和玛墨兰葡萄酿成的，和蒙特布西安诺葡萄并无瓜葛。

9.4.2.22 赛桑纳斯（Cesanese）

赛桑纳斯属于红葡萄品种，历史悠久，几乎只在拉齐奥产区种植，是该品种葡萄的统称，亲属包括普通赛桑纳斯、阿菲莱赛桑纳斯等。该品种晚熟，色深，香气馥郁。

9.4.2.23 艾格尼寇（Aglianico）

艾格尼寇属于红葡萄品种，是意大利南部广泛种植的品种。该品种早发芽，晚熟，耐旱，偏爱温暖干燥的气候，高酸高单宁，淳朴而充满野性，有野果、香料和皮革气息。该品种在美国和澳大利亚都有栽培，曾被认为来自希腊，但更多证据表明其原产地是坎帕尼亚。

9.4.2.24 黑曼罗（Negroamaro）

黑曼罗属于红葡萄品种，普利亚常见品种。意大利语中，"negro"意为黑，"amaro"意为苦，很是贴切。该品种晚熟，色深，高酸，单宁厚重，有成熟黑浆果和发热的塑胶皮气息。据说公元前7世纪，希腊人到普利亚拓展殖民地时带来；也有证据表明黑曼罗是本地品种，因为在普利亚的萨兰托同期还有一个品种叫黑甜"Negro Dolce"，与之互相呼应。

9.4.2.25 普瑞米提沃（Primitivo）

普瑞米提沃属于红葡萄品种，和美国盛行的仙粉黛（Zinfandel）是同一品种。该品种色深，香浓，酒体饱满，老藤具有极其复杂的结构和类似药草的气息。据说其最原始的名字是"Zagarese"，来源于克罗地亚达尔马提亚地区的萨格勒布城。1799年，普利亚农学家发现这种早熟的葡萄品种，命名为"Primativo"，就是最先成熟的意思。该品种后成为普利亚的常见品种，于1860年更名为"Primitivo"。这个品种由奥地利国王带到美国加利福尼亚州，1829年被命名为"Zinfardel"，1852年被改为"Zinfandel"。

9.4.2.26 黑珍珠

黑珍珠属于红葡萄品种，名字起源于西西里岛上的小城阿沃拉。该品种色深，酒体饱满，高酸高酒精度，生命力强，表现活跃，产量过大会产生糖果香气，老藤上品则精致细腻，香气典雅。

9.4.2.27 法莱帕托（Frappato）

法莱帕托属于红葡萄品种，是古老的品种，也是西西里岛酿制 DOCG 唯一的葡萄品种，和圣乔维斯有近亲关系，单宁柔和，酒体轻盈，具典型的樱桃香。在西西里岛，该品种常和其他红葡萄混酿，有时会和白葡萄品种卡塔拉托和安索尼卡混酿。

9.5 如何正确辨识意大利葡萄酒酒标

酒标图解如下：

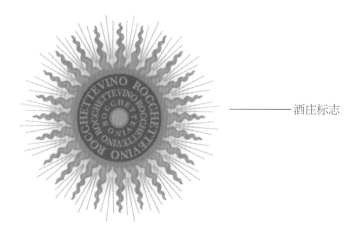

酒庄标志

酒名（Barolo）
等级（DOCG）
葡萄园名称（单一园，特级园）
年份
酒庄名称
酒庄所在地（产区村庄名-国名）

9.6 意大利葡萄酒的等级制度

2010 年前意大利葡萄酒的四个等级：

法定限制产区 DOCG——Denominazione di Origine Controllata e Garantita；

法定产区 DOC——Denominazione di Origine Controllata e；

地区餐酒 IGT——Indicazione Geografiche Tipici；

日常餐酒 VDT——Vino da Tavola。

2010 年后意大利葡萄酒的四个等级：

原产地保护 Vini DOP——Denominazione di Origine Protetta，共 407 个（74 个 DOCG+333 个 DOC）；

地理标识保护 Vini IGP——Indicazione Geografica Protetta，共 118 个；

品种葡萄酒 Vini Varietali；

基础葡萄酒 Vini。

9.7 法国葡萄酒产区及特色葡萄品种

9.7.1 法国分为 12 个葡萄酒产区和 2 个葡萄烈酒产区

表 9-2　法国葡萄酒产区和葡萄烈酒产区介绍

产区	主要葡萄酒产区和葡萄烈酒产区及特色风土
香槟	香槟北部有马恩河谷（Vallee de la Marne）、兰斯山（Montagne de Reims）、白丘（Cote des Blancs）；南部有舍赞（Sezanne）、奥贝（Aube）。共分为 321 个葡萄种植村庄，其中有 17 个特级村（Grand Cru），44 个一级村（Premier Cru）。 重要酒庄：唐培里浓酒庄、酩悦酒庄、博林爵酒庄、沙龙酒庄、玛姆酒庄
阿尔萨斯	阿尔萨斯法定产区分为阿尔萨斯 AOC（Appellation d'Origine Controlée，法定限制原产地，占 70%）、阿尔萨斯特级园（51 个）、阿尔萨斯起泡酒（Cremant d'Alsace）。 重要酒庄：雨果酒庄、温巴赫酒庄等
茹拉（Jura）和萨瓦（Savoie）	茹拉有法定产区阿尔博瓦（Arbois）、沙朗城堡（Chateau-Chalon）、星星（L'Etoile）、茹拉丘（Cotes du Jura）、茹拉克雷曼特山（Crement du Jura）；萨瓦有法定产区茹拉（Vin de Savoie）（14 个 Crus）。
卢瓦尔河谷	卢瓦尔河谷西部有密斯卡岱（Muscadet），中部有都兰（Touraine）、希农（Chinon）、布尔吉尔（Bourgueil）、乌尔乌（Vouvray）、普伊乐路易斯山卢瓦尔河畔（Montlouis-sur-Loire），东部有普伊富美（Pouilly）、桑塞尔（Sancerre）。 重要酒庄：罗格德酒庄、奥利维酒庄
波尔多	主要产区有左岸的梅多克、格拉芙、苏特恩（Sauternes）和巴萨克（Barsac），右岸的波美侯（Pomerol）、圣埃米利永（St-Emilion）。这里名庄众多，是全球文化营销做得最出彩的地方。从 1855 年的梅多克名庄评级，到 2019 年增加 7 种法定葡萄品种，再到推出 3 万欧元的 VV 老藤佳酿，每一次风吹草动都牵引着全球酒界的神经。 重要酒庄：拉菲酒庄、拉图酒庄、黑教皇酒庄、红颜容酒庄、滴金酒庄、金钟酒庄、奥颂酒庄、帕图斯酒庄、圣心酒庄
西南（Sud-Ouest）	西南分为贝尔热拉克·多尔多涅河（Bergerac & Dordogne River）、加龙河·塔恩河（Garonne & Tarn）、洛特河（Lot River）、比利牛斯山（Pyrenees）。位于洛特河旁的卡龙拉图酒庄是这个产区的代表，其继承了传统"黑酒"的浓郁丰厚。该酒庄的千年古堡和满墙的艺术装饰也值得一赏。 重要酒庄：卡龙拉图酒庄
勃艮第	勃艮第分为夏布利、夜丘、博恩丘（Cote de Beaune）、夏龙内丘（Cote Chalonnaise）、马孔（Maconnais）。1936 年执行 AOC 制度，拥有 33 个特级葡萄园、572 个一级葡萄园。其中的大街园算是异类，一开始因为特级园税费高主动放弃，1992 年才重新回到特级园行列。 重要酒庄：罗曼尼康帝酒庄、沃科酒庄、霞多丽酒庄、哥顿酒庄、庞索酒庄、卢米酒庄、默尔索酒庄、马丁酒庄
博若莱	博若莱分为大区级、村庄级、特级葡萄园（共 10 块）

177

（续表）

产区	主要葡萄酒产区和葡萄烈酒产区及特色风土
罗讷河谷	罗讷河谷分为大区级、村级、特级村级（17 个）产区。北罗讷 8 个特级村级产区：罗帝丘（Cote Rotie）、孔得里约（Condrieu）、格里叶堡（Chateau-Grillet）、圣约瑟夫（St-Joseph）、克洛兹埃米塔奇（Crozes-Hermitage）、埃米塔奇（Hermitage）、科纳（Cornas）、圣佩雷（Saint-Peray）；南罗讷 9 个特级村级产区：万索布（Vinsobres）、拉斯托（Rasteau）、吉恭达斯（Gigondas）、瓦给拉斯（Vacqueyras）、博木维尼斯（Beaumes des Venise）、教皇新堡（Chateauneuf du Pape）、利亚克（Lirac）、塔维（Tavel）、万索希尔（Vinsobres）。 教皇新堡是法国 AOC 制度的策源地，也是第一个法定产区。其中的佩高酒庄，传承经典，以 13 种法国首批法定葡萄品种酿酒，并能充分发挥每一种葡萄的优点，堪称酒界传奇。 重要酒庄：吉佳乐酒庄、嘉伯乐酒庄、香普蒂尔酒庄、博卡斯特酒庄、海雅酒庄、佩高酒庄
朗格多克·露喜龙（Languedoc-Roussillon）	朗格多克·露喜龙分为朗格多克和露喜龙两个产区，朗格多克多位于沿海平原，分为大区级、高级 Grands Vins（22 个）、特级 Crus（15 个）产区；露喜龙多位于比利牛斯山脚下。全区葡萄酒总产量约占法国葡萄酒的 30%。历史悠久的麝香天然甜葡萄酒 Vin doux Naturel 近年又开始流行。 重要酒庄：瓦米尔酒庄、龙堡酒庄
普罗旺斯	普罗旺斯分为普罗旺斯坡地(Cotes de Provence)、埃克斯坡地（Coteaux d'Aix en Provence）、瓦尔坡地（Coteaux Varois de Provence）三大产区，600 多家酒庄，只有 18 家列级庄。其中桃红葡萄酒产量约占全法国的 40%。 重要酒庄：羡慕酒庄
科西嘉（Corsica）	科西嘉于 1786 年并入法国行省，与意大利托斯卡纳的距离比法国普罗旺斯更近。主要产区有北部的琶醍梦里（Patrimonio）和首府阿雅克修（Ajaccio）。葡萄种植历史超过 2 500 年，其中种植面积超过 1/3 叫作聂露秋（Nielluccio）的品种就来自托斯卡纳的圣乔维斯，也有本地品种司琪卡雷诺（Sciaccarellu）。 重要酒庄：白屋酒庄、欧纳斯卡酒庄
干邑	干邑位于法国西南部夏朗德省干邑镇，被划分为 6 200 个葡萄种植园。1938 年明确划分了 6 个法定产区：大香槟区、小香槟区（Petite Champagne）、边林区（Borderies）、优质林区（Fins Bois）、良质林区（Bons Bois）和普通林区（Bois Ordinaires）。陈年酒由低到高分为三个级别：VS（Very Special）、VSOP（Very Superior Old Pale）、XO（Extra Old）。 重要酒庄：哈迪酒庄、御鹿酒庄、轩尼诗酒庄、马爹利酒庄、人头马酒庄、卡慕酒庄
雅文邑	雅文邑是法国最早的白兰地产区，1310 年就有文献记载，分为三个产区：下雅文邑（Bas-Armagnac）、上雅文邑（Haut-Armagnac）、特纳赫兹（Ténarèze）。雅文邑只酿制年份酒

9.7.2 特色葡萄品种

法国不是葡萄或葡萄酒的发源地，但源自法国的葡萄品种却是国际最主流的。

200 多年来，世界各地争相种植法国品种，甚至不惜拔掉原来的本地品种。不过，近20 年来情况有所改变，更小众、更能体现当地风土的葡萄和酿酒方法开始流行，法国反而成了葡萄品种的引进国。

9.7.2.1 霞多丽

霞多丽属于白葡萄品种，原产地为法国勃艮第，是全球最常见的白葡萄品种之一，适应性强。该品种在寒凉地区，有青苹果、柠檬、梨等香气；在温暖地区，有柑橘、水蜜桃、甜瓜等香气；在热带地区，有菠萝、香蕉、无花果等香气。不同的酿造工艺也会带来从清爽到醇厚的不同口感，堪称"百变女王"。

9.7.2.2 萨瓦林（Savagnin）

萨瓦林属于白葡萄品种，在法国东北部种植历史悠久，绿皮，果小皮厚，高糖高酸，是酿制茹拉黄酒（Vin Jaune）的主要原材料。在萨瓦该葡萄被称为"Gringet"。而中文称"琼瑶浆（Gewürztraminer）"的粉红葡萄，其实是萨瓦林的变异品种，学名应该是"Savagnin Rose"。该品种高糖低酸，有荔枝和玫瑰花瓣的馥郁香气，酒体油腻丰厚。琼瑶浆在全球都有种植，在法国阿尔萨斯的表现尤其出色。

9.7.2.3 贾给尔（Jacquere）

贾给尔属于白葡萄品种，是法国萨瓦产区常见品种。该品种产量高，香气清雅，

有特别的火石气息。

9.7.2.4 勃艮第蜜瓜（Melon de Bourgogne）

勃艮第蜜瓜属于白葡萄品种，原产于法国勃艮第，是卢瓦尔产区大西洋沿岸地区酿制干白葡萄酒的主要品种。该品种常用酒泥酿酒法，把酒和酒泥（死掉的酵母）一起陈年，令酒质感柔滑细腻，口味丰富。

9.7.2.5 白诗南

白诗南属于白葡萄品种，原产于法国卢瓦尔河谷。该品种在当地表现为酒体轻盈，清香，高酸，用来酿制干白、起泡酒、贵腐甜酒。法国南部的利慕（Limoux）也将其用于和其他品种混合酿制起泡酒。将其发扬光大的是南非，其白诗南种植面积占全球的 30% 以上，在当地也被称为"Steen"，香气和口感都更加丰腴。

9.7.2.6 长相思

长相思属于白葡萄品种，是典型的芳香性品种，原产于法国波尔多。该品种喜爱石灰土质，适合生长在气候温暖的地区，生命力旺盛，早熟，高酸，果香清新，酒体细致。

9.7.2.7 赛美蓉

赛美蓉属于白葡萄品种，原产于法国。该品种高糖低酸，酒体馥郁，口感厚实，在波尔多苏玳产区常用来酿制贵腐甜白酒。

9.7.2.8 密斯卡岱（Muscadelle）

密斯卡岱属于白葡萄品种，是一个古老的品种，原产于法国，在波尔多和西南产区广泛种植。该品种香气清新，生命力强，早熟，容易感染病虫害，在澳大利亚曾被称为利口托卡伊（Liqueur Tokay），人们误以为该品种从匈牙利传入，在澳大利亚备受推崇。

9.7.2.9 小芒森

小芒森属于白葡萄品种，原产于法国西南产区，芒森是一个葡萄大家族。其中小芒森果小皮厚，表现上佳，产量不大。该品种高酸高糖，甜而不腻，有馥郁的蜜桃和金银花香气，酿制干白和天然甜白都合适，如果坚持到 12 月晚收采摘，口感更为丰富顺滑。小芒森在我国河北、山东都有种植。

9.7.2.10 瑚珊（Roussanne）

瑚珊属于白葡萄品种，原产于法国罗讷河谷北部。该品种果香强劲，酸味十足，矿物风味明显，陈年能力强，上品精致芬芳。该品种晚熟，产量不大，抗风、抗旱能力较弱，容易受白粉病、灰霉病、螨虫和牧草虫的影响。DNA 分析结果显示瑚珊和玛珊（Marsanne）有亲子关系，玛珊抗旱能力强，但表现平庸。

9.7.2.11 克莱雷（Clairette）

克莱雷属于白葡萄品种，是法国米蒂产区最古老的品种。该品种晚熟，颗粒小，皮厚，抗风能力强，适合在贫瘠干燥的石灰质土壤生长。它是法国首批 AOC 法定品种之一，还是迪镇起泡酒和德蒂丘产区种植的唯一品种。克莱雷香气活泼，酒色璀璨迷人。

9.7.2.12 侯尔（Rolle）

侯尔属于白葡萄品种，是法国普罗旺斯的主要品种，金银花、桃、杏等香气浓郁，酸度清爽，有不错的陈年能力，常和歌海娜、西拉等混酿成桃红。侯尔和意大利的皮加图、西班牙的维蒙蒂诺、希腊的玛尔瓦萨都有亲子关系。

9.7.2.13 鸽笼白

鸽笼白属于白葡萄品种，是白高维斯和白诗南自然杂交的后代，原产地为法国西部的查伦泰。该品种在干邑布特林区有悠久的种植历史，是酿制干邑和雅文邑的重要品种。鸽笼白生命力强，但枝干硬，修剪有难度，容易受病虫害侵蚀。

9.7.2.14 白福尔

白福尔属于白葡萄品种，原产地是法国，可能是西欧古老品种白高维斯的后代。高酸低糖，是酿制干邑和雅文邑的重要品种，也可酿制干白。白福尔发芽早，容易

受霜冻，较易感染病害，现在逐渐被其杂交品种白巴克（Baco Blanc）替代。

9.7.2.15 灰皮诺

灰皮诺属于粉葡萄品种，起源于法国，是黑皮诺的变种，中熟品种，产量不高。该品种葡萄颜色呈粉红色，含糖量高，酸度低，香气丰厚，蘑菇和蜂蜜的气息令人着迷，口感甜润稠密，适合陈年，广泛种植于法国阿尔萨斯、德国、意大利、新西兰。

9.7.2.16 黑皮诺

黑皮诺属于红葡萄品种，原产于法国东北部，喜欢凉爽天气，好石灰黏土。该品种早芽早熟，果皮薄，产量小，抗病性差，酒色浅，口感细腻精致，千变万化，能巧妙呈现生长地风土，是爱酒人的恩物。

皮诺葡萄家族已有超过 2 000 年历史，1 000 种变种和克隆品种，遍布全球。

9.7.2.17 蒙德斯（Mondeuse）

蒙德斯属于红葡萄品种，是法国萨瓦产区最古老的品种。好葡萄园的出品颜色深，香气辛辣，高酸高单宁。该品种若产量过大或者土壤过于肥沃，则会变得乏味。

9.7.2.18 品丽珠

品丽珠属于红葡萄品种，是法国波尔多地区最古老的品种，喜欢凉而湿润的泥土，较易成熟，中等单宁，风格细腻。

9.7.2.19 赤霞珠

赤霞珠属于红葡萄品种，是品丽珠和长相思的杂交品种，原产于法国波尔多。赤霞珠适合生长在炎热的砂砾土质中，晚熟，果小皮厚，产量稳定，现已成为全球最广泛种植的酿酒红葡萄品种。该品种高酸高单宁，酒体宏大，可以陈年。

9.7.2.20 美乐

美乐属于红葡萄品种，原产地是法国波尔多右岸，喜爱较凉的黏土，早熟，皮薄，味美多汁，单宁和酸度较低，口感柔顺温润，可以陈年。美乐是全球种植最广泛的酿酒红葡萄品种之一。

9.7.2.21 味儿多（Petit Verdot）

味儿多属于红葡萄品种，原产地是法国波尔多，晚熟，在梅多克南部较多种植，皮厚色深，香气辛辣，风格和西拉接近。

9.7.2.22 马尔贝克（Malbec）

马尔贝克属于红葡萄品种，又名为"Cot"，原产于法国西南产区，在波尔多也有种植，现在产量最大的国家是阿根廷。该品种酿造的酒颜色深，曾被称为"黑酒"，用于养生和调色，量产时表现泼辣粗放，细品有迷人的烟熏和黑李气息，酒身精致紧密，在法国卡奥尔（Cahors）表现最佳，和当地的黑松露是绝配。

9.7.2.23 佳美

佳美属于红葡萄品种，起源于法国勃艮第，是黑皮诺和白葡萄品种白高维斯的杂交后代，现为博若莱产区种植最广泛的葡萄品种，随土质的不同表现差异很大，在博若莱的 10 块特级园有上佳表现，可陈年。新酒则主要表现新鲜的果香。

9.7.2.24 西拉

西拉属于红葡萄品种，原产于法国（也有说源自伊朗诗都，其英文"Shiraz"和西拉的英文相同），DNA 分析它是白梦杜斯和杜瑞莎的杂交品种。该品种中晚熟，抗病性强，果皮厚，色深紫黑，单宁丰富，有黑莓和胡椒的香气。

9.7.2.25 黑特瑞（Terret Noir）

黑特瑞属于红葡萄品种，原产于法国朗格多克，历史悠久。灰特瑞和白特瑞是黑特瑞的变种。该品种产量丰富，酒色浅，酒体轻盈，在天气炎热时也能保持足够的酸度。

9.7.2.26 西雅卡露（Sciacarello）

西雅卡露属于红葡萄品种，是科西嘉本地品种，可能是当年罗马人引入的，适宜在花岗岩质地的土壤上生长。该品种发芽和成熟较晚，抗病性强，酒体醇厚细嫩，有甜橙、杏仁、胡椒和药草的浓郁清香。

9.7.2.27 艾琳娜（Arinarnoa）

艾琳娜属于红葡萄品种，原产地为法国，由丹娜（Tannat）和赤霞珠杂交而来。该品种晚熟，皮厚，果粒中等，抗病性强，成酒后颜色深邃，单宁高结构大，有明显的草本、药草气息。艾琳娜于 2019 年成为波尔多法定品种。

9.8 如何正确辨识法国葡萄酒酒标

酒标图解如下：

酒庄名

等级标注（一级酒庄 A 等）

酒庄名称和标志

庄主家族名称（常用语为酿酒师家族）

产区等级

年份

9.9 法国葡萄酒的等级制度

法国葡萄酒的四个等级：

法定限制原产地 AOC——Appellation d'Origine（产区名）Controlée，现改为 AOP（Appellation d'Origine Protegee）；

审核中法定限制原产地 VDQS——Appellation+ 产区名 +Qualite Superieure，2011 年取消；

地区餐酒 VDP——Vin de Pays，现改为 IGP；

日常 VDT——Vin de Table，现改为法国餐酒 VDF（Vin de France）和欧盟餐酒 VCE（Vin de la Communaute Europeenne）。

法定限制原产地 AOC（AOP）

审核中法定限制原产地 VDQS（2011 年取消）

地区餐酒 VDP（IGP）

法国餐酒 / 欧盟餐酒 VDF/VCE

9.10 法国葡萄酒的"AOC"制度是如何形成的

AOC，可译为法定限制原产地，是法国对本土农产品如何标识原产地名称的法律保障体系。

AOC 最早可以追溯到 1410 年，法王查理六世给罗克福奶酪颁发特殊的原产地命名证书。而葡萄酒的 AOC 制度，则源于在横扫整个欧洲的葡萄根瘤蚜灾害结束后，有很长一段时间法国假冒伪劣葡萄酒盛行。1920 年，位于罗讷河谷的教皇新堡产区率先发起限制葡萄栽培和葡萄酒酿造等一系列规定，并于 1929 年制定法国第一个法定限制原产地命名，继而于 1937 年推广到全法国。现在的 AOC 等级要求比当时更为严格，包括产地范围、葡萄品种、种植方式、最高产量、酿造工艺、酒精含量、窖藏方式等。具体包括：

葡萄的种植与酿造被限定于特定地区中的特定地块。

为了保护产区内传统的葡萄品种，规定种植葡萄品种，有些地区还严格规定了当地品种生产葡萄酒的比例。

规定葡萄采摘后，在没有加糖的情况下，葡萄醪的最低含糖量和最低酒精度。

规定葡萄的种植密度和可以使用的整形与修剪的方法，与产量有关。

限制最高产量，以百升 / 公顷来计量。

规定必须使用的生产工艺、最短熟化和陈年的时间。

不同产区，AOC 又可以再细分为产区级 AOC ＞地区级 AOC ＞村庄级 AOC ＞优质葡萄园 AOC ＞酒庄级 AOC。

不同年份，AOC 占整个法国葡萄酒的比例为 40% ～ 50%。

9.11 法国最早的 AOC 产区及其 13 种葡萄是什么

毫无疑问，教皇新堡产区是法国最早的 AOC 产区，当时规定了 8 种红葡萄（歌海娜、西拉、慕维德、神索、古诺瓦姿、莫斯卡丹、黑特瑞、瓦卡尔斯）和 5 种白葡萄（布尔布兰、克莱雷、皮卡丹、皮克普、瑚珊）。

现在按同类品种不同颜色划分为 18 种，加了 5 种，即灰歌海娜、白歌海娜、黑皮克普、灰皮克普、粉红克莱雷。

9.12 超级波尔多真的超级吗

有些法国酒的酒标上标有法语 "Bordeaux Superieur"，翻译成中文就是 "超级波尔多"。在法国波尔多，超级波尔多 AOP 和波尔多 AOP 是同样的等级，波尔多有 20% 的葡萄园出产的葡萄用于酿造超级波尔多葡萄酒。

超级波尔多种植区域相对温暖，种植密度要求比波尔多 AOP 略高（每公顷 4 500 株，波尔多为 4 000 株）。行间距要求略窄（2.2m，波尔多为 2.5m），同行株距不低于 0.85m（和波尔多相同）。因为密度较高，所以根系较为发达，树龄也较高，最大产量要求略低，每公顷 5 600L（波尔多为 6 000L），采摘时成熟度较高。超级波尔多 AOP 最低酒精度要求为 10.5%，比波尔多 AOP 要高 0.5%，80% 的超级波尔多是在酒庄内装瓶的，最低陈年时间为 10 个月（波尔多为 4 个月）。

主要酿酒红葡萄为赤霞珠、美乐、品丽珠、马尔贝克、小味儿多，偶尔也会有佳美娜，和波尔多 AOP 一致。超级波尔多的白葡萄酒和甜葡萄酒产量较低，主要来自格拉芙产区，主要酿酒白葡萄为长相思、赛美蓉，有时也会少量加入密斯卡岱和灰苏维翁。

9.13 法国酒标上的 "Grand Cru" 到底是什么意思

在选择法国葡萄酒的时候，我们经常会在酒标上发现 "Grand Cru" 一词，按法语翻译，意思就是 "伟大产地"。不过在不同的产区，其 "伟大" 的程度差别实在很大！

在勃艮第产区，"Grand Cru" 指的是一片特级葡萄园。

在勃艮第夏布利，"Grand Cru" 指唯一的特级园产区，又可将其分为 7 个独立的不同名称的葡萄园。

在香槟产区，"Grand Cru" 指的是以村庄为单位的葡萄最高评级，特级村庄由生产者和种植者委员会评分，达到满分才能冠以该称号。

在波尔多产区，"Grand Cru" 表示酒庄，而酒庄的葡萄园或连片或分散，风土并不完全相同。

在波尔多的圣埃米利永，和其他地区略有不同，"Saint-Emilion Grand Cru"是一个单独命名的法定产区。

在阿尔萨斯，标注"Grand Cru"就意味着葡萄酒来自51个特级葡萄园产区。

9.14 西班牙葡萄酒产区及特色葡萄品种

9.14.1 西班牙现分为46个IGP，70个DO（含2个DOC）

表9-3　西班牙葡萄酒产区介绍

产区	主要葡萄酒产区及特色风土
里奥哈	里奥哈分为上里奥哈（Rioja Alta）、下里奥哈（Rioja Baja）、阿拉维萨（Rioja Alavesa），1991年第一个获得DOC认证。 历史最悠久的酒庄当属里斯卡侯爵酒庄和穆瑞塔侯爵酒庄，但如果以价格标榜新贵，奥瓦罗·坤（Quinon de Valmira）酒庄则名列第一。 重要酒庄：里斯卡侯爵酒庄、穆瑞塔侯爵酒庄、贡达多酒庄、七弦琴酒庄 
纳瓦纳（Navarra）	纳瓦纳分为5个产区，以桃红闻名
比埃尔索（Bierzo）	比埃尔索位于西班牙西北部，属大陆性气候，土质为富含矿物质的砂质黏土。近年来几家酒庄异军突起，如帕拉索后代（Descendientes de J. Palacios）酒庄。本地葡萄品种以门西亚最为特别

（续表）

产区	主要葡萄酒产区及特色风土
下海湾（Rias Baixas）	下海湾隶属加利西亚（Galicia），气候潮湿多雨，共分为5个种植区域，当地语言"Gallego"混合了西班牙语和葡萄牙语。最常见的白葡萄品种阿尔巴利诺（Albarino）于2019年被法国波尔多产区增列为法定品种，这有点让人意外
佩内德斯（Penedes）	佩内德斯以优质卡瓦（Cava）闻名，是现代酿酒技术革命中心
普里奥拉（Priorat）	普里奥拉于2003年第二个获得DOC认证，产区层峦叠嶂，可以种葡萄树的土地不多，现仅有97个酒庄。主要地质为全球特有的红色板岩，和摩泽尔的白板岩算得上绝代双骄，酿成的美酒"铁骨铮铮"，颇有大侠风范。产区内"四大天王"（莫嘎多、奥瓦罗、伊拉姆、大鼻子）都是不可错过的顶级佳酿。 重要酒庄：莫嘎多酒庄、伊拉姆酒庄、奥瓦罗酒庄、山灵魂酒庄 
塔拉戈纳（Tarragona）	塔拉戈纳位于加泰罗尼亚，特产加强型甜酒Fortified Wine，也是西班牙招牌起泡酒卡瓦的主要产地

（续表）

产区	主要葡萄酒产区及特色风土
瑞贝拉·杜罗河谷 （Ribera del Duero）	瑞贝拉·杜罗河谷地处海拔 800m 以上的北部高原，土质贫瘠疏松，葡萄树得以深入扎根，1982 年获得 DO 认证。 老酒王雄风不改，维加西西利亚、平古斯，是老一代酒客的西班牙记忆。 重要酒庄：维加西西利亚酒庄、平古斯酒庄、莫纳斯酒庄、娜瓦酒庄 
托罗（Toro）	托罗于 1987 年获得 DO 认证，名庄新贵云集，比如特索拉蒙（Teso La Monja），其价格让人震惊

（续表）

产区	主要葡萄酒产区及特色风土
卢埃达（Rueda）	卢埃达盛产白葡萄
卡斯蒂利亚拉曼恰（Castilla La Mancha）	卡斯蒂利亚拉曼恰是全世界葡萄酒产量最大的产区，葡萄种植面积占全球的8%，合计7 000km²。产品以工厂酒为主
瓦伦西亚（Valencia）	瓦伦西亚最大和最为出名的产区为乌迭尔‑雷格纳（Utiel-Requena）产区
穆西亚（Murcia）	穆西亚位于瓦伦西亚省，包含朱米拉（Jumilla）、耶克拉（Yecla）、阿曼莎（Almansa）、阿里坎特（Alicante）产区
马拉加（Malaga）	马拉加是毕加索的故乡，蓝精灵村所在地，但其出产的美酒未必有以上两者知名
赫雷斯（Jerez）	赫雷斯位于西班牙安达卢西亚南部海岸，以雪莉酒闻名，最好的产区是上赫雷斯（Jerez Superior），被称为白土地（Albariza）。雪莉酒按开花的状态分为干型菲诺和甜型奥雷索，其特有的陈年系统称为索雷拉。 遍布全西班牙高速公路的黑牛标牌，就是奥斯本酒庄的标识。 重要酒庄：奥斯本酒庄 

9.14.2 特色葡萄品种

　　西班牙目前的葡萄种植面积居全球第一位，是名副其实的葡萄酒大国。西班牙的葡萄品种丰富多样，超过600种。别惊讶，西班牙的白葡萄品种确实比红葡萄品种多。

9.14.2.1 阿依伦（Airen）

阿依伦属于白葡萄品种，起源于西班牙拉曼恰地区，是西班牙也是全球种植面积最大的白葡萄品种。该品种晚发芽，晚成熟，产量大，抗旱、抗病害能力强，酒体轻盈，酸度较低，常被用作白兰地的基酒。

9.14.2.2 马卡布（Macabeo）

马卡布属于白葡萄品种，原产于西班牙，在加泰罗尼亚、阿拉贡、瓦伦西亚等地广泛种植，在里奥哈被叫作维乌娜（Viura）。该品种果粒中等，果皮较厚，新酒口感清爽，橡木桶陈年后会有坚果和奶油的丰富味道，可做上佳干白，也是酿制卡瓦的主要品种之一。

9.14.2.3 沙雷洛（Xarel-lo）

沙雷洛属于白葡萄品种，来自西班牙加泰罗尼亚地区，是酿制卡瓦的主要白葡萄品种之一。该品种皮厚色浅，酿造风格多变，多酚和白藜芦醇含量高，所以有极佳的陈年能力。其变种红葡萄叫作 Xarel-lo Rosada，见于阿莱利亚沿海。

9.14.2.4 帕雷亚达（Parellada）

帕雷亚达属于白葡萄品种，来自西班牙加泰罗尼亚地区，是酿制卡瓦的主要白葡萄品种之一。该品种发芽早，成熟晚，属于芳香型，果味足，酸度中等，多用作新酒，在贫瘠凉爽的地区表现细腻精致。

9.14.2.5 阿尔巴利诺（Albarino）

阿尔巴利诺属于白葡萄品种，起源于利比里亚西北部，即西班牙西北部和葡萄牙东北部，是西班牙的名贵品种之一，在葡萄牙名为"Alvarinho"。该品种能适应大风、寒冷、潮湿的海洋气候，粒小皮厚，成熟后糖分和甘油含量高，成酒后酒精度高，芳香丰富，古怪多变，是加利西亚下海湾产区最常见的品种。

9.14.2.6 特浓情（Torrontes）

特浓情属于白葡萄品种，起源于利比里亚西北部，是多种白葡萄品类的统称，包括加利西亚下海湾产区的特浓情，科尔多巴（Cordoba）产区的蒙蒂勒特浓情（Torrontes de Montilla），纳瓦纳产区的埃本（Heben）和费尔诺皮埃斯（Fernao Pires），奥伦塞（Orense）产区的 Bical，以及葡萄牙的阿瑞图（Arinto）和菲娜玛尔维萨（Malvasia Fina）。该品种早熟高产，酒体饱满，果香馥郁，在阿根廷被发扬光大。阿根廷流行的特浓情品种主要有里奥哈特浓情（Torrontes Riojano）、门多萨特浓情（Torrontes Mendocino）和圣胡安特浓情（Torrontes Sanjuanino）。

9.14.2.7 弗德乔（Verdejo）

弗德乔属于白葡萄品种，起源于西班牙中部的卢埃达产区。该品种果实呈绿色，故称绿葡萄，又名"Albillo de Nava"。早熟皮厚，抗高湿性强，香气馥郁，酒体饱满顺滑，可以陈年。

9.14.2.8 帕罗米诺（Palomino）

帕罗米诺属于白葡萄品种，起源于西班牙赫雷斯和安达卢西亚，是酿制雪莉酒的三大法定葡萄之一。该品种粒大皮薄，产量稳定，适合炎热干燥的气候，低酸低糖，香气清新。

9.14.2.9 佩德罗·西门子（Pedro Ximenez）

佩德罗·西门子属于白葡萄品种，缩写为"PX"，日晒风干后酿制甜酒。该品种皮薄，糖度高，口感丰富，产量低，在赫雷斯正逐渐被帕罗米诺替代，在澳大利亚则被用于酿造贵腐酒。

9.14.2.10 歌海娜

歌海娜属于红葡萄品种，起源于西班牙北部的阿拉贡（Aragon），在全球广泛种植，在法国被叫作"Grenache"。该品种高产、晚熟，在炎热和干旱的环境下才可以完全成熟，皮薄色浅，单宁低，糖分高，酒精度高，上品层次丰富，口感润滑无比。其变种白歌海娜同样酒精度高，口感馥郁。

9.14.2.11 丹魄

丹魄属于红葡萄品种，原产于利比里亚半岛，现已成为西班牙标志性品种，在全球广泛种植。该品种早熟、粒小、皮厚，香气复杂，变化多端，经过橡木桶陈年后味道更佳。常见变种有托罗的托罗红（Tinta de Toro）、杜罗河谷的国之红（Tinto del Pais）、瓦尔德佩纳斯（Valdepenas）的森希贝尔（Cencibe）等。丹魄在葡萄牙被叫作多丽红（Tinta Roriz）。

9.14.2.12 佳丽酿

佳丽酿属于红葡萄品种，原产于西班牙阿拉贡的古老品种，在全球广泛种植。该品种丰产、晚熟、抗病性强，颜色深，单宁和糖分俱佳，老藤佳丽酿也能酿制顶级美酒。也被叫作马士罗（Mazuelo 或 Mazuela）。

9.14.2.13 莫纳斯特雷尔（Monastrell）

莫纳斯特雷尔属于红葡萄品种，是古老的品种，2 500 多年前由腓尼基人传入西班牙东北部加泰罗尼亚地区，该品种在法国被称为慕合怀特（Mourvedre），在美国和澳大利亚被称为马塔罗（Mataro）。该品种色深，单宁重，酒精度高，强劲有力，充满野性。

9.14.2.14 格瑞恰阿诺（Graciano）

格瑞恰阿诺属于红葡萄品种，是西班牙土生品种，晚芽晚熟，中等单宁，高酸，香气馥郁，酒体细致，曾在里奥哈和纳瓦纳大规模种植，但因为产量低，易感染霜霉病，种植规模逐渐减小。

9.14.2.15 博巴尔（Bobal）

博巴尔属于红葡萄品种，原产于西班牙瓦伦西亚的乌迭尔－雷格纳产区，是瓦伦西亚、曼确拉、阿里坎特和穆尔西亚四个 DO 产区的法定品种，但出自瓦伦西亚的占了总产量的 90%。该品种色泽鲜艳深沉，高酸高单宁，酒精度低，产量高，可以陈年。

9.14.2.16 门西亚（Mencia）

门西亚属于红葡萄品种，西班牙的古老品种，罗马时期在利比里亚半岛就有种植，和葡萄牙的珍（Jaen）是同一品种。该品种早熟、皮厚、色深，单宁和酸度不高，糖分足，果香丰富，酒体柔顺，上品质感极其细腻精致。

9.15 如何正确辨识西班牙葡萄酒酒标

酒标图解如下：

酒名
年份
产区名字（普里奥拉）＋等级（DOCQ）
村庄名＋传统手工说明

年份
酒名
产区名字（普里奥拉）＋等级（DOCQ）

村庄名＋传统手工说明

9.16 西班牙葡萄酒的等级制度

1971 年，西班牙成立 INDO（Instito de Denominaciones de Origen），将葡萄酒分为 5 个等级：

优质法定产区 DOC——Denominacion de Origen Calificada：DOC 级别的规定起源于 1988 年，是西班牙葡萄酒产区最高等级。当一个产区被评为 DO 级别之后，经过 10 年的时间，这个产区才有资格申请 DOCa 级别。西班牙第一个 DOCa 产区是里奥哈。2003 年，普里奥拉也荣升此级别，杜罗河谷产区虽然通过了 2008 年的审批，但截至 2020 年还是 DO 等级。尚在申请升入 DOC 产区的还有赫雷斯、比埃尔索、托罗三大产区。

法定产区 DO——Vinos con Denominación de Origen：目前西班牙约 60% 的产区属于这个等级。

基本法定产区 VCIG——Vinos de Calidad con Indicación Geográfica：这是一个过渡等级，这个等级维持 5 年，才有资格申请 DO 等级。

地区餐酒 VDLT——Vino de la Tierra：这个级别只对产区（葡萄的来源地）进行了限制，对其他方面没有限制。

日常餐酒 VDM/VM——Vinos de Mesa：除了以上级别之外，剩下的葡萄酒就是这个级别，是最低级别。

2008 年加入两个针对酒庄的等级：

独立酒庄酒 VP——Vinos de Pago；

优质独立酒庄酒 VPC——Vino de Pago Calificada。

另外，按橡木桶和瓶储陈年时间长短分为：

①特级珍藏（Gran Reserva）。红葡萄酒至少需要经过 60 个月的陈年（橡木桶至少 18 个月），白葡萄酒和桃红葡萄酒需要 48 个月的陈年（橡木桶至少 6 个月）。

②珍藏（Reserva）。红葡萄酒至少需要经过 36 个月的陈年（橡木桶至少 12 个月），白葡萄酒和桃红葡萄酒至少需要 24 个月的陈年（橡木桶至少 6 个月）。

③佳酿（Crianza）。红葡萄酒至少需要经过 24 个月的陈年（橡木桶至少 6 个月），白葡萄酒和桃红葡萄酒至少需要 18 个月的陈年（橡木桶不做规定）。

④新酒（Vino Joven）。不需要陈年。

以上划分主要是参考里奥哈产区的法规，其他产区略有不同。

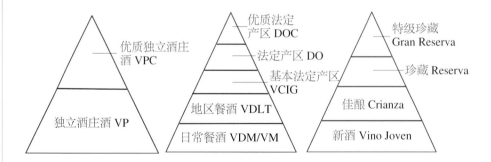

9.17 葡萄牙葡萄酒产区

葡萄牙现分为 14 个 IGP，31 个 DOC。

表 9-4　葡萄牙葡萄酒产区介绍

产区	主要葡萄酒产区及特色风土
杜罗河（Douro）	杜罗河土质以白板岩和页岩为主。地势陡峭，夏天极热，全年少雨，葡萄禁止灌溉。1756 年，该产区成为全球第一个进行界定划分的产区。如今，该产区和波尔图历史中心、科阿（Coa）山谷史前岩石艺术遗址，被列入联合国世界文化遗产名录。 值得一提的是，葡萄牙绝无仅有的，没有受到根瘤蚜侵蚀的老藤葡萄树，就在该产区的飞鸟酒庄。 重要酒庄：飞鸟酒庄、辛明顿道•宝芬酒庄、尼鹏酒庄、布拉斯酒庄、桃源城堡、艾华高酒庄 

（续表）

产区	主要葡萄酒产区及特色风土
杜奥 （Dao）	杜奥可能是葡萄牙最古老的产区。1990 年成为 DOC，分为 7 个产区，分别是埃斯特雷拉山（Serra da Estrela，葡萄牙最高峰所在地）、阿尔瓦（Alva）、贝斯泰（Besteiros）、卡斯滕多（Castendo）、斯格伊洛斯（Silgueiros）、特拉阿如（Terras de Azurara）、特拉森胡（Terras de Senhorim），土质以花岗岩和砂土为主。 重要酒庄：雷蒙斯酒庄 
绿酒 （Vinhos Verdes）	绿酒产区盛产略带气泡的绿酒（葡萄牙语的"绿"有新鲜的意思，所以绿酒未必是绿色的）
百拉达 （Bairrada）	百拉达于 1979 年被划分为独立产区，以肥沃的黏土土质为主。盛产强劲的巴加干红，优质产区有圣罗兰斯山（Colinas de Sao Lourenco）
里斯本 （Lisboa）	里斯本是葡萄牙首都所在地。既是旅游胜地，也是美酒圣地：西面产卡尔维罗甜酒和科拉里斯（Colares）红酒，东面产布切拉斯（Bucelas）干白，南面产塞图巴尔（Setubal）甜白。 重要酒庄：格拉迪酒庄
特茹（Tejo）	特茹原名里巴特茹（Ribatejo），2009 年改为现用名。分为 3 个子产区，分别是拜尔奥（Bairro）、夏美卡（Charneca）、冈普（Campo）。有一个 DOC，就是里巴特茹

（续表）

产区	主要葡萄酒产区及特色风土
阿连特茹 （Alentejo）	阿连特茹盛产美酒和软木，其中 DOC 产区有波塔莱格雷（Portalegre）、波尔巴（Borba）、雷东多（Redondo）、雷根格斯（Reguengos）、维迪拉格（Vidigueira）等。 重要酒庄：卡莫酒庄、高斯达酒庄 
亚速尔群岛 （Azores）	亚速尔群岛包括比斯库托斯（Biscoitos）、皮库岛（Pico）、加斯奥沙（Graciosa）等法定产区
马德拉	马德拉产区出品独特的马德拉加强酒，详情见第七章"马德拉基础知识"。 重要酒庄：布兰迪酒庄、奥利华酒庄

9.18 如何正确辨识葡萄牙葡萄酒酒标

酒标图解如下：

—— 酒庄标志

—— 酒庄名

—— 酒庄成立时间

—— 酒种名称（马德拉）

—— 陈年时间

 ## 9.19 葡萄牙葡萄酒的等级制度

葡萄牙葡萄酒分为四个等级：

法定产区酒 DOC——Denominacao de Origem Controlada；

推荐产区酒 IPR——Indicca de Proveniencia Regulamentada；

地区餐酒 VR——Vinho Regional/IGP；

日常餐酒 VDM——Vinho de Mesa。

其间还有：

准法定产区酒 VQPRD——Vinhos de Qualidade Produzidos em Regioses Determinadas；

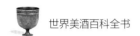
优质加强酒 VLQPRD——Vinhos Licorosos de Qualidade Produzidos em Regiao Determinadas；

优质起泡酒 VEQPRD——Vinhos Espumantes de Qualidade Produzidos em Regiao Determinadas；

优质半干起泡酒 VFQPRD——Vinhos Frisante de Qualidade Produzidos em Regiao Determinadas。

根据陈年时间和酒精度，还可分为：

高级培育珍藏（Nobre Garrafeira）；

高级珍藏（Nobre Reserva）；

高级（Nobre）；

培育珍藏（Garrafeira）；

珍藏（Reserva）。

9.20 德国葡萄酒产区及特色葡萄品种

9.20.1 德国现有 65 000 家种植企业，17 个 Land 产区，13 个 Gebiet 优质产地

表 9-5　德国葡萄酒产区介绍

产区	主要葡萄酒产区及特色风土
阿尔（Ahr）	阿尔是德国西部最北的小产区，莱茵板岩地质，种植红葡萄的比例占 85%
中部莱茵（Mittelrhein）	中部莱茵在波恩和宾根之间，被称为"莱茵峡谷"，陡峭的板岩峭壁往往是葡萄园所在地
摩泽尔	摩泽尔是德国白葡萄酒比例最高的产区。2 000 年前由罗马人引进葡萄种植，整个产区由摩泽尔河和其支流萨尔（Saar）、鲁文（Ruwer）组成河谷地带，白板岩地质，两岸的葡萄园地势陡峭，布雷默卡尔蒙特（Bremmer Calmont）斜坡达 65°。板岩和河流白天吸收热量，夜晚缓慢释放，保持了温度的均衡。产区中心古镇班库斯特（Bernkastel）德式建筑和周边美景相映成趣，值得游览。 德国当之无愧的酒王伊慕酒庄，虽然位于该产区，却离产区中心甚远。伊慕酒庄不但不对外开放，而且连酒庄标牌也没有，真是酒香不怕巷子深。 重要酒庄：伊慕酒庄、露森酒庄、海格酒庄、教皇山酒庄、克利斯朵夫酒庄、豪客庄园
莱茵高（Rheingau）	莱茵高是德国最古老的酒庄所在地。产区按土质差异分为 3 个区域：西部以保温性强的片岩为主，中部和东部以保水的沙肥土和黄土为主。海拔较高的葡萄园含有陶努斯（Taunus）石英岩和绢云片麻岩。 德国历史最悠久的城堡就隐藏在沃尔拉德酒庄内。 重要酒庄：约翰山酒庄、沃尔拉德酒庄、罗伯特威尔酒庄

（续表）

产区	主要葡萄酒产区及特色风土
那赫（Nahe）	那赫地处莱茵河和摩泽尔河之间，历史悠久，于 1971 年成为独立产区，其土壤类型有 180 种，丰富程度居德国之冠。下那赫的皮诺葡萄有上佳表现
莱茵黑森（Rheinhessen）	莱茵黑森是德国葡萄种植面积第一大产区，丘陵众多，是全球最大的西万尼（Sivaner）产区
法尔兹（Pfalz）	法尔兹是德国葡萄种植面积第二大产区，南边法国的阿尔萨斯是全球最大的雷司令产区。1949 年，首位德国葡萄酒皇后在法尔兹加冕
弗兰肯（Franken）	弗兰肯以其特产大肚瓶——扁平圆形短颈的酒瓶闻名于世。产区沿美茵河呈东西走向，葡萄园都位于河边朝南的斜坡上
黑森山道（Hessische Bergstrasse）	黑森山道是德国葡萄种植面积最小的产区，1971 年成立。奥登森林造就了这里温和的气候，土壤以风积沙土和黄色底土为主
符腾堡（Wurttemberg）	符腾堡 80% 的葡萄酒由合作社酿制。葡萄园位于内卡河谷及其支流两岸，广泛种植红葡萄，托灵格（Trollinger）为该产区第一大品种
巴登（Baden）	巴登是德国最南、最温暖的大产区，分为 9 个次产区，分别是特劳伯弗兰肯（Tauberfranken）、巴登山道（Badische Bergstrasse）、克莱氏高（Kraichgau）、奥特瑙（Ortenau）、布莱斯高（Breisgau）、凯撒斯图尔（Kaiserstuhl）、图尼贝格（Tuniberg）、马克格拉斐兰德（Markgräflerland）和康斯坦湖（Lake Constance），土壤结构差异很大。"巴登的粉色黄金酒"是该产区特色
萨勒－温斯图特（Saale-Unstrut）	萨勒－温斯图特近北纬 51°，是德国最北的优质产区。气候干燥，因为产量低，美酒格外精细
萨克森（Sachsen）	萨克森在北纬 50°，产量不到全德国的 1%

9.20.2 特色葡萄品种

德国联邦统计局汇编的数据表明，被批准的法定品种中，有超过 100 种白葡萄和约 35 种红葡萄，有本土葡萄和杂交品种，也不乏国际品种。其中最常见的分别是雷司令和米勒图高（Muller-Thurgau），这两个品种加在一起，产量占了全国的 1/3。非本土的黑皮诺排在第三位，克尔娜（Kerner）和灰皮诺紧随其后。

9.20.2.1 雷司令

雷司令属于白葡萄品种，是德国最古老的品种。该品种发芽晚，枝条硬，耐寒

耐病害。酸度高，柑橘类的香气清冽浓郁，酒体轻盈精致，特别能体现风土特征，可以陈年，在德国 13 个产区都有种植，在全球种植也很广泛。

9.20.2.2 米勒图高

米勒图高属于白葡萄品种，又名雷万娜（Rivaner）。1882 年，来自瑞士图高的农学家赫尔曼·米勒在德国由雷司令和皇家玛德琳杂交而成，米勒图高早熟，皮薄，高产，低酸，有苹果和梨子气息，对环境适应性强。该品种于 1956 年成为德国法定品种，曾经超越雷司令成为德国最大种植品种，酿制廉价半甜白"圣母之乳"，香气馥郁，但口感松弛。

9.20.2.3 施埃博（Scheurebe）

施埃博属于白葡萄品种，诞生于 20 世纪初，由雷司令和西万尼杂交而成，以培育学家奥尔格·施埃博之名命名。该品种从莱茵黑森的砂质土地中发展起来，比雷司令更高产、更容易成熟，现在法尔兹大受欢迎。

9.20.2.4 克尔娜

克尔娜属于白葡萄品种，是德国培育的品种，由雷司令和红葡萄品种托灵格杂交而成，1969 年开始广泛种植，用于商业酿酒。该品种高糖高酸，有草本和糖果香气，质地比雷司令略微粗糙。

9.20.2.5 巴克斯（Bacchus）

巴克斯属于白葡萄品种，1933 年由西万尼、雷司令、米勒图高三者杂交而成，芳香性品种（和长相思有点相似）。1972 年，巴克斯被认定为德国法定品种。该品种早熟高产，糖分高，成熟后酸度不足，适合德国和英国的冷凉气候。

9.20.2.6 托灵格

托灵格属于红葡萄品种，是德国出产的品种，也作为鲜食葡萄，被称为黑汉堡（Black Hamburg），首次酿制于南部提洛尔（Southern Tyrol），主要在符腾堡种植。该品种颜色不深，酒体轻盈，果香充沛。

9.20.2.7 林伯格（Lemberger）

林伯格属于红葡萄品种，是德国品种，可能来自多瑙河谷，官方名称为 Blauer Limberger，又称 Blaufrankisch（蓝弗朗克）。该品种早芽晚熟，从清淡到浓醇，不同的土质和酿制方式，令风格变化极大。

9.20.2.8 丹菲特（Dornfelder）

丹菲特属于红葡萄品种，诞生于 20 世纪 50 年代，由和风斯丹（Helfensteiner）和埃罗尔德乐见（Heroldrebe）杂交而成。该品种产量大且稳定，色深皮厚，风味复杂，酸度适中，可陈年。丹菲特于 1980 年被列入德国法定红葡萄品种，在莱茵黑森和法尔兹广泛种植，并被引种到瑞士、捷克、英国、美国、巴西。

9.21 如何正确辨识德国葡萄酒酒标

酒标图解如下：

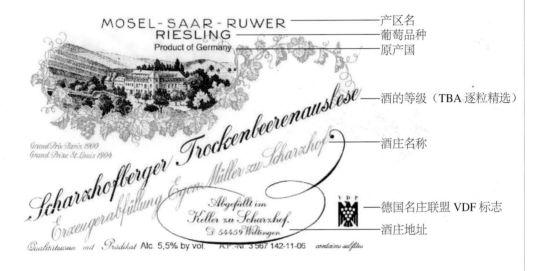

9.22 德国葡萄酒的等级制度

德国葡萄酒分为以下四个等级：

①高级优质葡萄酒（Pradikatswein）。按天然残糖分为 6 种：冰酒 - 甜型 -Eiswein；逐粒精选 - 甜型 -Trokenbeerenauslese，缩写为 TBA；逐串精选 - 甜型 -Beerenauslese，缩写为 BA；精选 - 半甜到甜型 -Auslese；晚收 - 半甜型 -Spatlese；珍藏 - 干型到半甜型 -Kabinett。

②高级葡萄酒（Qualitatswein）。必须来自德国 13 个优质 Gebiet 产地。

③地区餐酒（Landwein）。全国有 17 个 Land 产区。

④日常餐酒（Tafewein）

德国名庄联盟 VDP（Verband deutscher Pradikatsweinguter）。根据葡萄产量、天然残留糖分，以及葡萄酒反映的风土特点，可分为入门级（Gutswein）、村庄级（Ortswein）、一级葡萄园（Erste Lage）、特级葡萄园（Grosse Lage）。

✿ 9.23 瑞士葡萄酒产区及特色葡萄品种

9.23.1 瑞士共有 20 个地区生产葡萄，主要分为六大产区

表 9-6　瑞士葡萄酒产区介绍

产区	主要葡萄酒产区及特色风土
日内瓦（Geneva）	日内瓦位于瑞士最西部日内瓦湖畔，经过湖区的调节，气候相对温和。该产区位于茹拉山和阿尔卑斯山之间，地形多变，地势相对平坦，土质为年代较近的冲积土和年代较远的火成岩。分为西部的曼德蒙特（Mandement）、东部的艾乌山和湖之间（Entre Arve et Lac）、南部的艾乌山和罗讷河之间（Entre Arve et Rhone）三部分。
瓦莱（Valais）	瓦莱是瑞士葡萄种植面积最大的产区，产量占全国一半。气候干燥、阳光充沛。葡萄园多位于罗讷河谷的北坡，极其陡峭，坡度达到 42°，排水性好。瓦莱共有 125 个法定产区，包括富莱（Fully）、康迪园（Conthey）、韦特罗（Vetroz）、圣伦纳德（Saint-Leonard）、萨尔格茨（Salgesch）等特级葡萄园
瓦德（Vaud）	瓦德是瑞士葡萄种植面积第二大产区，位于西南法语区。葡萄园多位于朝南向湖的山坡上。位于拉沃（Lavaux）的狄拉蕊（Dezaley）一级葡萄园，因为"三个太阳"的宠爱，12 世纪便开始酿酒

（续表）

产区	主要葡萄酒产区及特色风土
三湖产区 （Neuchatel）	三湖产区是瑞士最小的产区，也是瑞士第一个实行产量控制的地区。葡萄园分布在三个湖周围：莫拉特（Morat）、比恩（Bienne）、纳沙泰尔（Neuchatel）（产量最大，超过全国60%）。因为湖水调节，气候温和，以钙质土壤为主
提挈诺（Ticino）	提挈诺是瑞士最南的产区，位于和意大利边境线上，赛内里峰（Moute Ceneri）将其分为上、下两部分。这里阳光充足，雨量充沛。种植常用传统的棚架法，该产区有自己的VITI品质标准，梅洛是当地最常见的品种
苏黎世湖区 （Zurich）	苏黎世湖区在瑞士东部，17个德语区村镇都生产葡萄酒。大陆性气候，海拔高，光照充足。《海蒂》中的故事就发生在这里，除了天高云淡、山高水长的自然风光，耶尼斯（Jenins）、马兰斯（Malans）等葡萄园也有上佳出品

9.23.2 特色葡萄品种

9.23.2.1 沙思拉（Chasselas）

沙思拉属于白葡萄品种，可能是人类最早种植的品种。关于其起源，是埃及、法国，还是日内瓦湖，说法不一。其在瑞士最受重视，种植面积占葡萄总种植面积的1/3。该品种口感爽脆，香气馥郁，很有个性，在北部常称为Gutetel，在西南常称为Fendant、Dorin或Perlan。

9.23.2.2 瑞兹（Reze）

瑞兹属于白葡萄品种，原产于瑞士瓦莱，用于酿造和雪莉酒风格相似的Glacier葡萄酒，由类似索雷拉的系统熟化而成。

9.23.2.3 小胭脂红（Humagne Rouge）

小胭脂红属于红葡萄品种，起源于意大利西北瓦莱塔奥斯塔（Aosta Valley），当地称为科娜琳。该品种单宁重，香气丰盛，结构良好，口感辛辣充满野性，目前产量很少，主要种植于瓦莱。

9.23.2.4 格美莱（Gamaret）

格美莱属于红葡萄品种，1970年，安德烈·雅基内（Andre Jaquinet）教授用佳美和雷昌斯坦纳葡萄杂交培育而成。该品种早熟高产，抗病性强，高单宁，结构优雅。黑佳拉（Garanoir）和格美莱的双亲一样，这两个品种经常混酿，以增强酒体、酸度和风味。

9.23.2.5 帝威寇（Divico）

帝威寇属于红葡萄品种，1997年由格美莱和德国白葡萄布朗纳杂交而成。因为布朗纳同时具有美洲野生种（沙地葡萄和林西氏葡萄）和亚洲野生种（山葡萄）的血统，所以该品种的抗病性极强。

 9.24 如何正确辨识瑞士葡萄酒酒标

酒标图解如下：

葡萄品种名

法定 AOC 产区名

酒庄的等级

酒庄名
酿酒师名字
酒庄地址

年份

 9.25 瑞士葡萄酒的等级制度

参照法国限制原产地命名制度 AOC，瑞士葡萄酒的等级制度也叫 AOC，但其更多的是对葡萄酒出品所在地的限定，比法国的 AOC 相对宽松。

酒标上的 AOC 标识后面会跟着产区或子产区的名称。

如果见到"Dole"字样，则表示是用不少于 85% 的黑皮诺，和其他法定品种混酿的酒。

9.26 英国葡萄酒产区及特色葡萄品种

9.26.1 英格兰有 500 多个葡萄园，威尔士有 17 个葡萄园

表 9-7　英国葡萄酒产区介绍

产区	主要葡萄酒产区及特色风土
萨塞克斯郡（Sussex）	萨塞克斯郡位于英格兰东南角。突破了北纬 50°线，分为西、东两部分，这里是不列颠群岛阳光最充沛的地方。白垩土，南部丘陵地形，加上凉爽的气候，让优质起泡酒的出现成为可能。它是英国第一个获得 PDO 原产地命名保护的产区。2005 年，当地的里奇维尤（Ridgeview）酒庄获得英国醇鉴（Deccanter）大赛"最佳起泡酒奖"，之后又在英国国际葡萄酒暨烈酒大赛（IWSC）获得类似奖项，实现了英国酒的产业升级
肯特郡（Kent）	肯特郡被称为"英格兰花园"。温和的气候非常适合农耕，以白垩土为主。这里的葡萄树大多朝南种植，以便接受更多阳光。2015 年泰亭哲香槟的进驻，让酒迷充满期待
萨利郡（Surrey）	萨利郡有英国最大的葡萄庄园丹碧丝（Denbies Wine Estate），土质以由古海洋生物化石形成的白垩土为主
汉普郡（Hampshire）	1951 年，英国首个葡萄庄园——汉布尔登（Hambledon Vineyard）在汉普郡创立

9.26.2 特色葡萄品种

英国常见的葡萄品种包括用于酿造起泡酒的"国际三宝"——霞多丽、黑皮诺、莫尼耶皮诺（Pinot Meunier）；更多的是抗寒、抗病性强的德国杂交品种白谢瓦（Seyval Blanc）、巴克斯、欧瑞佳（Ortega）、雷昌斯坦纳（Reichensteiner）、胡塞尔（Huxelrebe）等。

9.26.2.1 白谢瓦

白谢瓦属于白葡萄品种，由两种西贝尔葡萄杂交而成（同期培育的还有同宗葡萄黑谢瓦），现为英国种植面积最大的品种。因为带有非酿酒葡萄的基因，欧盟还未认定白谢瓦为优质静态酒"Quality Wine"的法定葡萄品种，但可以标识为"优质起泡酒"。该品种高产，早熟，喜欢凉爽的气候，口感酸爽，酒体轻盈，适合橡木桶陈年，在美国和加拿大也十分常见。

9.26.2.2 欧瑞佳

欧瑞佳属于白葡萄品种，起源于德国，由米勒图高和斯格瑞博杂交而来，种植面积在英国排第三名。该品种有典型的桃子味道，常用于酿造甜酒。

9.26.2.3 雷昌斯坦纳

雷昌斯坦纳属于白葡萄品种，起源于德国，由德国的米勒图高、意大利的早熟

卡拉贝丝和法国的鲜食葡萄玛德琳安吉维杂交而成，被称为欧洲首株混合了德、意、法血统的品种，现种植面积在英国排第二名。该品种抗病性强，高糖，精心培育后能酿出优质甜酒。

9.26.2.4 胡塞尔

胡塞尔属于白葡萄品种，起源于德国。1927 年由沙思拉和考蒂里尔·穆斯克（Courtillier Musque）杂交而成，主要种植在德国和英国。该品种早熟高产，有类似蜂蜜和麝香的味道，但不够细腻。

9.27 如何正确辨识英国葡萄酒酒标

酒标图解如下：

9.28 英国葡萄酒的等级制度

和其他欧洲国家类似，英国也制定了"受保护的原产地名称 PDO"和"受保护的地理标志 PGI"，用于规范英国的起泡酒和静态酒。

现有 221 家酒庄通过认证，并由英国葡萄酒协会（The United Kingdom Vineyards Association，UKVA）公布。

每年，酒庄要完成采收和生产文件，并提供相应的样品。如果样品符合分析和品尝的标准，并和相关文件对应，则可通过 PDO 或 PGI 资质认证，合法使用相关标签字样。

9.29 奥地利葡萄酒产区及特色葡萄品种

9.29.1 奥地利分为 19 个葡萄酒产区，其中 13 个 DAC 为优质产区

表 9-8　奥地利主要葡萄酒产区介绍

产区	主要葡萄酒产区及特色风土
维威特（Weinviertel）	维威特是奥地利最大的 DAC 产区，也是首个 DAC 产区（2003年），位于奥地利北部，地势平坦，土质肥沃。法定品种为绿维林（Gruner Veltliner）
维也纳混合种植区（Wiener Gemischter Satz）	维也纳混合种植区种植面积仅 680 公顷。规定葡萄园必须混合种植至少 3 种白葡萄，并且一起采摘和加工
坎普谷（Kamptal）	坎普谷气候清凉，以黏土和黄土为主。法定品种为雷司令和绿维林
克雷姆斯谷（Kremstal）	克雷姆斯谷土质种类丰富，有原始岩、黏土、黄土。法定品种为雷司令和绿维林
特莱森谷（Traisental）	特莱森谷土质以砂质黄土为主。法定品种为雷司令和绿维林
诺伊齐德乐（Neusiedlersee）	诺伊齐德乐的法定品种为茨威格
雷德堡（Leithaberg）	雷德堡的法定品种为绿维林、白皮诺、霞多丽、蓝弗朗克、纽博格
中部布尔根兰（MittelBurgeuland）	中部布尔根兰是丘陵地形，以厚重的黏土为主。法定品种为蓝弗朗克
冰堡（Eisenberg）	冰堡的法定品种为蓝弗朗克
秀色兰（Schilcherland）	秀色兰的法定品种为蓝威巴赫，主要酿制出名的秀色桃红酒，该产区名字就是"幻彩，闪闪发光"的意思

9.29.2 特色葡萄品种

9.29.2.1 绿维林

绿维林属于白葡萄品种，原产地为奥地利，相关记录可追溯到 18 世纪，是白葡萄萨瓦林的后代。该品种占了奥地利葡萄种植面积的 1/3，是种植面积最大的品种，在匈牙利、捷克、斯洛伐克、保加利亚都有广泛种植。该品种晚熟，量大，果粒小，有典型的青椒和青柠气息，酒体精致，酸度爽脆，可以陈年。

9.29.2.2 西万尼

西万尼属于白葡萄品种，原产地为奥地利，是萨瓦林和奥地利白葡萄 Osterreichisch Weiss 的天然杂交品种，早在 1665 年已有记载。该品种在德国种植更为广泛，在法国阿尔萨斯也很受人们重视，早芽早熟，果粒小，产量稳定，果香浓郁。

9.29.2.3 威尔士雷司令（Welschriesling）

威尔士雷司令属于白葡萄品种，是奥地利广泛种植品种，其出身一直是个谜，可能来自克罗地亚。在匈牙利叫作欧拉瑞兹琳，在捷克和斯洛伐克叫作 Rizling Vlassky，在斯洛文尼亚叫作拉斯基瑞兹琳，在保加利亚叫作 Welschrizling，在意大利叫作意大利雷司令，在克罗地亚叫作格拉塞维纳。该品种早芽早熟，量大，高酸，有清新的花果香，适宜早喝。

9.29.2.4 纽博格（Neuburger）

纽博格属于白葡萄品种，只在奥地利种植，可能是红维特利纳和西万尼的杂交产物，成酒后带有奇特的坚果味道，口感丰满圆润。

9.29.2.5 茨威格（Zweigelt）

茨威格属于红葡萄品种，原产地为奥地利，是蓝弗朗克和圣罗兰的杂交品种，奥地利产量第一的红葡萄品种。茨威格作为亲本繁殖出捷克的摩拉维亚珠（Cabernet Moravia）和澳大利亚的罗设（Roesier），该品种早芽早熟，量大，果香丰富，可以陈年。

9.29.2.6 蓝弗朗克（Blaufrankisch）

蓝弗朗克属于红葡萄品种，其名字最早出现在 1862 年维也纳博览会上，字面意思是"蓝色法国人"，奥地利产量第二大红葡萄品种，在匈牙利种植更广泛，是酿制"公牛血（Egri Bikaver）"的主要原料，被叫作法卡兰克斯。该品种晚熟，色深，果香丰富，口感强劲。

9.29.2.7 圣罗兰（St. Laurent）

圣罗兰属于红葡萄品种，原产地为奥地利，色深，单宁细腻，口感丰富，被称为"强劲的黑皮诺"，可以陈年。

9.29.2.8 葡萄牙人（Portugieser）

葡萄牙人属于红葡萄品种，原产地为奥地利，主要种植在下奥地利州，早熟，量大，酸度较低，酒体轻盈。

9.29.2.9 蓝威巴赫（Blauer Wildbache）

蓝威巴赫属于红葡萄品种，公元前 400 年，由奥地利本地野生品种培育而来，1842 年被正式分类。该品种在施泰尔马克州被叫作秀色（Schilcher），规定只能用 750mL 的玻璃瓶灌装，不能有橡木味。其风味新鲜，富有果香。

 9.30 如何正确辨识奥地利葡萄酒酒标

酒标图解如下：

酒庄名

产区名
葡萄品种名
年份

 9.31 奥地利葡萄酒的等级制度

奥地利葡萄酒的等级划分主要取决于葡萄果汁中的含糖量，单位可用克洛斯特新堡比重 KMW（Klosterneuburger Mostwaage，KMW）表示，其中：

佐餐酒（Tafelwein）：至少 10.6 度 KMW。

地方葡萄酒（Landwein）：至少 14 度 KMW。

优质葡萄酒（Qualitatswein）：至少 15 度 KMW。

高级优质葡萄酒（Kabinett）：至少 17 度 KMW。

由此等级起（包括 Kabinett），不允许提高 KMW 的含量（不可加糖或添加未经发酵的果汁）。

特优葡萄酒（Pradikatsweine）：包括晚收酒、干果选粒酒、冰葡萄酒和稻草酒

晚收葡萄酒（Spatlese）：至少 19 度 KMW。

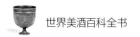

选串葡萄酒（Auslese）：至少 21 度 KMW。

由此等级起（包括 Auslese），葡萄中过熟和贵腐的浆果含量相应增加。

浆果特选酒（Beerenauslese）：至少 25 度 KMW。

冰葡萄酒（Eiswein）：至少 25 度 KMW；采收和压榨时葡萄必须结冰。

稻草酒（Strohwein）：至少 25 度 KMW；酿制用的葡萄须在稻草堆或芦苇上铺放或用绳挂起来风干至少 3 个月。

高级甜葡萄酒（Ausbruch）：至少 27 度 KMW。

干果选粒酒（Trockenbeerenlese）：至少 30 度 KMW。

2003 年起，奥地利采用 DAC（Districtus Austriae Controllatus）法定产区体系，对进入 DAC 的葡萄园进行三级划分：

地区级（Regional）——该产区最基本的葡萄酒。

村级（Ortswein）——产自特定村庄的葡萄酒。

单一园（Riedenwein）——来自单一葡萄园的葡萄酒。

按陈年时间再分为：

DAC 经典（Klassik）——口味清新，体现葡萄特点，不能出现橡木味道。

DAC 珍藏（Reserve）——经过长时间陈年，风味更加浓厚，酒精度略高。

9.32 匈牙利葡萄酒产区及特色葡萄品种

9.32.1 匈牙利分为 22 个官方葡萄酒产区

表 9-9　匈牙利葡萄酒产区介绍

产区	主要葡萄酒产区及特色风土
托卡伊	托卡伊是匈牙利最知名的葡萄酒产地。其 1571 年产的贵腐酒，被法国国王路易十四称为"酒中之王，王者之酒"。1730 年，托卡伊进行葡萄园等级划分，是世界上最早为葡萄园制定分级制度的产区。 现由 28 个村庄组成，主要土质为黏土，山麓间有黄土，所以阴雨天气到葡萄园里走走，是一个挑战。 托卡伊北部，是世界三大橡木桶产地之一。 重要酒庄：皇家托卡伊酒庄
马特拉（Matraalja）	马特拉拥有匈牙利最大的葡萄园区。匈牙利最高海拔的马特拉山，是葡萄的发源地之一。气候温和湿润，土质为玄武岩颗粒、火山岩、凝灰岩、黄土
艾格尔（Eger）	艾格尔被称为英雄古城，1552 年，知名的公牛血葡萄酒就诞生在这里。山坡上土质为黑色流纹岩，下层土为中新世流纹岩、板岩、黏土

（续表）

产区	主要葡萄酒产区及特色风土
维拉尼（Villany-siklos）	维拉尼位于匈牙利最南部，临近克罗地亚，属于温暖的地中海气候，现以种植国际品种品丽珠闻名。土壤为黄土、黏土、火山土和棕色森林土，底层为山脉石灰岩

9.32.2 特色葡萄品种

9.32.2.1 福明特（Furmint）

福明特属于白葡萄品种，原产地为匈牙利，亲本是欧洲的古老品种白高维斯。主要种植在托凯产区，是匈牙利特产托卡伊贵腐酒的主要原材料。该品种晚熟，容易感染贵腐霉菌，自带高酸，花果香充沛，酒体圆润，兼具活泼和雅致，可酿制干白、起泡、甜酒各种风格，可以陈年。在其他国家也有种植，在奥地利又称莫斯勒（Mosler），在斯洛文尼亚又称西蓬（Sipon）。

9.32.2.2 哈莱维路（Harslevelu）

哈莱维路属于白葡萄品种，原产地为匈牙利，常和福明特混合酿制托卡伊贵腐酒，可以为其添加烟熏、蜂蜜等风味。哈莱维路高产，皮厚，成果极香，成酒后香气略逊于福明特，因为高糖，酒体丰满浓稠，成为高酸福明特的最佳拍档。

9.32.2.3 卡巴（Kabar）

卡巴属于白葡萄品种，原产地为匈牙利，1967年由斯洛文尼亚的布维尔与哈莱维路杂交而来。该品种早熟低产，粒小皮厚，容易感染贵腐霉菌。高酸高糖，甜美清雅，2006年被列入托卡伊法定品种。

9.32.2.4 可薇泽萝（Koverszolo）

可薇泽萝属于白葡萄品种，是匈牙利最古老的品种之一，在罗马尼亚又被称为格拉萨。该品种早熟、粒大皮薄，含糖量高，适合做奥苏（Aszu）贵腐葡萄酒，根瘤蚜疫情后几乎灭绝，20世纪90年代末得以复兴。可薇泽萝为托卡伊六种法定品种之一。

9.32.2.5 泽达（Zeta）

泽达属于白葡萄品种，原产地为匈牙利，1951年由福明特和布维尔杂交而来。该品种现在托卡伊种植广泛，不耐寒，喜欢黏土，高酸高糖，有青苹果和梨子的香气。泽达为托卡伊六种法定品种之一。

9.32.2.6 艾赛尤（Ezerjo）

艾赛尤属于白葡萄品种，是匈牙利古老品种，字面意思是"千种福音"，发源地

Mor 产区临近首都布达佩斯，一度成为匈牙利种植最广泛的葡萄品种。该品种产量高，成熟早，粒大皮厚，完全成熟后带粉色，高酸，酒精度高，香气和口感风味不算突出。

9.32.2.7 全盛（Cserszegi Fuszeres）

全盛属于白葡萄品种，原产地为匈牙利，1960 年栽培专家用艾里塞奥利华（Irisai Oliver）和琼瑶浆杂交而成。该品种耐寒高产，高酸高糖，"Fuszeres"在匈牙利语中表示辛辣，成酒后饱满辛辣，有独特而浓郁的香气，因此被称为"香料酒"。

9.32.2.8 小公主（Kiralyleanyka）

小公主属于浅色葡萄品种，字面意思就是"小公主"，起源于特兰西瓦尼亚（Transylvania），又被称为 Danosi Leanyka。该品种香气清淡，酸味爽脆，精致优雅，在马特拉和艾格尔都有上佳表现。

9.32.2.9 卡达卡（Kadarka）

卡达卡属于红葡萄品种，起源不详，可能是 16 世纪初塞尔维亚人将其带入匈牙利的艾格尔，在保加利亚广泛种植，被称为"尕扎（Gamza）"，是匈牙利公牛血葡萄酒的主要原材料。该品种晚熟，低单宁，高酸，果香浓郁，回味辛辣，酒体丰满，在塞克萨德和维拉尼也有种植。

9.33 如何正确辨识匈牙利葡萄酒酒标

酒标图解如下：

酒庄名
葡萄园的名称
酒的等级
（单一园 /5 筐）
当年总产量（瓶数）
年份

9.34 匈牙利葡萄酒的等级制度

奥苏贵腐葡萄酒的等级与残留糖分含量有关，可分为：

① 3 筐（3-Puttonyos）：含量为 60～90g/L，2014 年取消。

② 4 筐（4-Puttonyos）：含量为 90～120g/L，2014 年取消。

③ 5 筐（5-Puttonyos）：含量为 120～150g/L，2014 年调整为 130g/L 起。

④ 6 筐（6-Puttonyos）：含量为 150g/L 以上。

托卡伊精华（Tokaji Esszencia），酒精度低于 5%，糖分含量在 450g/L 以上，用特制的水晶勺子饮用。

9.35 捷克葡萄酒产区及特色葡萄品种

9.35.1 捷克分为 2 个官方葡萄酒产区

表 9-10　捷克葡萄酒产区介绍

产区	主要葡萄酒产区及特色风土
摩拉维亚（Moravia）	摩拉维亚位于布拉格东南，毗邻奥地利，纬度同法国阿尔萨斯，拥有占捷克 96% 的葡萄园。 分为兹诺伊莫（Znojmo）、米库洛夫（Mikulov）、维尔克帕夫洛维采（Velke Pavlovice）、斯洛伐克（Slovacko）4 个子产区
波希米亚（Bohemia）	波希米亚位于布拉格北部，纬度同德国莱茵高，拥有占捷克 4% 的葡萄园。尽管这里的啤酒更出名，但精妙的干白也是一大亮点。这里每年秋天会举办葡萄酒丰收节，重现中世纪美酒狂欢的场景。 分为梅尔尼克（Melnik）、里托梅瑞采（Litomerice）两个子产区

9.35.2 特色葡萄品种

捷克种植的葡萄品种中有 70% 为白葡萄，以霞多丽、雷司令、白皮诺、西万尼、米勒图高、绿维林为主流，两种极香甜的葡萄——摩拉维亚麝香和伊赛奥利维越来越受欢迎。

9.35.2.1 伊赛奥利维（Irsai Oliver）

伊赛奥利维属于白葡萄品种，起源于斯洛伐克，当地人称为 Irsay Oliver，20 世纪 30 年代由波佐尼和莎巴珍珠杂交而成，一开始被定义为鲜食葡萄。该品种早熟，成熟期短，香气馥郁，口味浓甜。

9.35.2.2 隆多（Rodon）

隆多属于红葡萄品种，1964 年在捷克培育成功，是圣罗兰和泽雅瑟维拉的杂交品种，后者带有山葡萄的基因，非常耐寒，1999 年成为德国法定品种，在英国、丹麦、比利时、波兰都有种植，是丹麦的第一大葡萄品种。该品种早熟高产，色深，果香浓郁，欠缺细腻。

9.35.2.3 摩拉维亚珠（Cabernet Moravia）

摩拉维亚珠属于红葡萄品种，起源于摩拉维亚，由品丽珠和茨威格杂交而来，直到 2001 年才得到官方认可。该品种晚熟，色深皮厚，生命力旺盛，结构感强，可陈年。

9.36 如何正确辨识捷克葡萄酒酒标

酒标图解如下：

酒庄名 — Českě vinařstvi Chrámce s.r.o.
产区名 — MORAVA
葡萄品种 — Zweigeltrebe
年份 — 2005

9.37 捷克葡萄酒的等级制度

1995 年，捷克颁布了葡萄种植与葡萄酒酿造的法律法规，并建立了 VOC 认证制度（类似法国的 AOC 制度）。

9.38 格鲁吉亚葡萄酒产区及特色葡萄品种

9.38.1 格鲁吉亚分为 6 个官方葡萄酒产区

表 9-11　格鲁吉亚葡萄酒产区介绍

产区	主要葡萄酒产区及特色风土
卡赫季（Kakheti）	卡赫季位于东南部，靠近古波斯，是格鲁吉亚最大的产区，产量占了全国的 70%。气候温和，雨水和阳光适中，土质以褐土和富含钙质的黏土为主。这里是世界非物质文化遗产 "Kvevri" 酿酒法的发源地，因为制作陶罐的黏土只在卡赫季出产。 分为什达·卡赫季（Shida Kakheti）、外卡赫季（Gare Kakheti）2 个亚产区。 重要酒庄：科瓦雷利酒庄
卡尔特里（Kartli）	卡特里位于南部，接壤亚美尼亚和阿塞拜疆。该产区属于大陆性气候，夏天干热少雨，需要人工灌溉。主要生产起泡酒。Ateni 种植区出品的起泡酒享有盛誉。 分为科书莫（Kvemo）、什达（Shida）、泽莫·卡尔特里（Zemo Kartli）3 个亚产区

（续表）

产区	主要葡萄酒产区及特色风土
梅思赫季 （Meskheti）	梅思赫季位于西南部，和土耳其接壤。梅思赫季是格鲁吉亚最小的产区，科学家分析这里是格鲁吉亚酿酒葡萄的发源地。这里的葡萄园都是山地，海拔1 000～1 650m
伊梅列季 （Imereti）	伊梅列季位于格鲁吉亚中西部，属于潮湿的温带气候。主要葡萄种植区思维里（Sviri），盛产干白。这里传统的酿造工艺是，在发酵的葡萄汁中加入5%的葡萄皮，稳定的时间延长到两个月，令风味更为醇厚。 分为上伊梅列季、中伊梅列季、下伊梅列季3个亚产区
拉恰－列其呼米（Racha–Lechkhumi）	拉恰－列其呼米位于格鲁吉亚西北部，气候较为干旱，盛产半甜红和半甜白葡萄酒。 分为拉恰、列其呼米两个亚产区，包含拉赫万恰卡拉（Khvanchkara）、特维西（Tvishi）2个葡萄种植区
黑海沿岸 （Black Sea Coastal）	黑海沿岸位于黑海沿岸地区，属于亚热带气候，空气湿润，葡萄生长期较长。曾经是格鲁吉亚最古老的葡萄酒产业中心，当地品种很多。 分为阿贾尔（Adjara）、古里亚（Guria）、圣马格罗（Samegrlo）、阿布哈尔蒂（Abkhazeti）4个亚产区

9.38.2 特色葡萄品种

格鲁吉亚可能是全世界种植葡萄历史最悠久的国家，现拥有525种本地品种（其中只有38种可用于商业用途），居全球之最，也种植一些国际品种。

9.38.2.1 白羽（Rkatsiteli）

白羽属于白葡萄品种，起源于格鲁吉亚，原意为"红色的茎"，是格鲁吉亚种植最广泛的品种，也是乌克兰、保加利亚、罗马尼亚种植最广泛的品种。该品种抗寒性强，皮厚高产，高酸高糖，可酿制干型、甜型、起泡、蒸馏酒。

9.38.2.2 苏丽科里（Tsolikouri）

苏丽科里属于白葡萄品种，起源于格鲁吉亚，是格鲁吉亚中西部主要葡萄品种，其种植面积现在格鲁吉亚排第二位，在俄罗斯、乌克兰、斯洛伐克、保加利亚也有种植。该品种晚熟高产，白藜芦醇含量很高，糖分高，香气浓郁，可用于酿制天然甜酒和酒体丰满的白葡萄酒。

9.38.2.3 木次瓦尼（Mtsvane）

木次瓦尼属于白葡萄品种，起源于格鲁吉亚，是最古老的品种群，在摩尔多瓦和加拿大也有种植。该品种粒大皮厚，酸度平衡，矿物质丰富，常和白羽混酿。

9.38.2.4 其西（Kisi）

其西属于白葡萄品种，起源于格鲁吉亚，在卡赫季和卡尔特里种植。该品种晚熟低产，常用陶罐发酵酿制葡萄酒和烈酒，香气丰盛，有菠萝、杏仁、金银花、蜂蜡等味道，陈年后有辛辣的甘草味道，非常特别。

9.38.2.5 齐努力（Chinuri）

齐努力属于白葡萄品种，起源于格鲁吉亚，在卡尔特里广泛种植。该品种晚熟，皮薄高产，耐寒性弱，果肉多汁，酒体清爽，常用于酿造起泡酒。

9.38.2.6 吉斯卡（Tsitska）

吉斯卡属于白葡萄品种，起源于格鲁吉亚，在伊梅列季广泛种植，在俄罗斯、保加利亚、日本也有种植。该品种晚熟高产，有草木的清香，酸度高，口感精致，可以陈年。

9.38.2.7 卡胡娜（Krakhuna）

卡胡娜属于白葡萄品种，起源于格鲁吉亚，在伊梅列季广泛种植。该品种晚熟，成酒后酒精度高，酒体强壮丰满，风格浓烈张扬，有杏桃和蜂蜜等味道。

9.38.2.8 晚红蜜（Saperavi）

晚红蜜属于红葡萄品种，起源于格鲁吉亚，在东南部广泛分布。该品种晚熟高产，耐寒耐旱，色深黑，常用作染色品种，酒体丰满，结构坚挺，高酸高单宁，可陈年。

9.38.2.9 阿拉达（Aladasturi）

阿拉达属于红葡萄品种，起源于格鲁吉亚，是官方推荐种植的西部葡萄品种，在摩尔多瓦、乌克兰、俄罗斯也有种植。该品种晚熟，色深，高产，抗病性强，成酒后酒精度低，风格清新和谐。

9.38.2.10 塔釜克（Tavkveri）

塔釜克属于红葡萄品种，起源于格鲁吉亚，在卡尔特里分布广泛，在阿塞拜疆和塔吉克斯坦也有种植。该品种晚熟高产，耐寒，但易感染霉菌，酒体轻盈，香气丰富优雅。该品种是母系植株，必须和父系植株套种授粉。

9.38.2.11 亚历山德罗（Aleksandrouli）

亚历山德罗属于红葡萄品种，起源于格鲁吉亚，在西北部的拉恰 – 列其呼米等地广泛种植，是官方推荐品种。该品种晚熟，果皮色深，果肉无色，抗病性强，产量不高，主要用于酿造经典的 Kvantchkara 半甜红葡萄酒，酒体丰满柔润，酸度适中。

9.38.2.12 莫朱图里（Mujuretuli）

莫朱图里属于红葡萄品种，起源于格鲁吉亚，主要在拉恰 – 列其呼米种植。该品种晚熟，耐寒耐旱，但容易感染白粉病，酸度活跃，常和亚历山德罗混酿半甜红葡萄酒。

9.39 如何正确辨识格鲁吉亚葡萄酒酒标

酒标图解如下：

国际评分

酒庄名

葡萄品种名
格鲁吉亚语酒类型
产区名
酒的类型
葡萄年份
产国

 9.40 格鲁吉亚葡萄酒的等级制度

早在 100 多年前，格鲁吉亚就建立了法定产区制度，分为地区级和村庄级。目前，有 18 个葡萄酒产区受欧盟原产地命名保护。

 9.41 摩尔多瓦葡萄酒产区及特色葡萄品种

9.41.1 摩尔多瓦是国际葡萄酒组织（OIV）五个创始国之一，分为 4 个官方葡萄酒产区

表 9-12　摩尔多瓦葡萄酒产区介绍

产区	主要葡萄酒产区及特色风土
芭提（Balti）	芭提是摩尔多瓦最小的产区，靠近东北部，这里的冬天又长又冷，所以很适合白葡萄生长。获地理保护标志的迪文（Divin）产区，出品优质的白兰地。重要酒庄：巴尔达酒庄
科德鲁（Codru）	科德鲁位于中心地带，首都基希讷乌在其中，是摩尔多瓦葡萄酒产业化最发达的产区，这里有 25% 的土地被森林覆盖着，令漫长的冬天并不太冷。科德鲁拥有全世界最大的地下隧道酒窖米列什蒂·米茨（Milestii Mici，总长超过 200km），以及全球唯一地下迷宫酒窖克利科瓦（Cricova，总面积 64km²）
斯特凡沃达（Stefan-Voda）	斯特凡沃达位于摩尔多瓦东南部，北部接壤乌克兰，受黑海影响，属于温和的大陆性气候。盛产优质的红酒，优质产区有普嘉利，以石灰岩和黑钙土为主

（续表）

产区	主要葡萄酒产区及特色风土
瓦鲁特安（Valul Lui Traian）	瓦鲁特安位于两面 Trajan's Wall 城墙之间，该城墙在罗马帝国时期曾用于抵御外敌入侵。该产区属于地中海气候，夏季干热，冬季温润短暂。葡萄园多位于普鲁特河岸的斜坡上，多种植国际品种以酿制红酒。在珠麦（Ciumai）、特里菲斯蒂（Trifesti）等产区也出品优质的甜酒

9.41.2 特色葡萄品种

摩尔多瓦拥有世界上密度最大的葡萄园，1/4 的人口从事和葡萄酒有关的工作，俄罗斯进口的葡萄酒约 50% 来自摩尔多瓦。既种植本地品种，也种植长相思、霞多丽、雷司令、阿里高、美乐、黑皮诺等国际品种。

9.41.2.1 白姑娘（Feteasca Alba）

白姑娘属于白葡萄品种，起源于摩尔多瓦和罗马尼亚。种植历史悠久，是摩尔多瓦种植最广泛的品种。白姑娘在罗马尼亚极受欢迎，在特兰西瓦尼亚和匈牙利也有种植。该品种酸度活泼，酒体清爽，广泛用于干白、甜酒、起泡酒、白兰地的酿造。

9.41.2.2 白公主（Feteasca Regala）

白公主属于白葡萄品种，起源于特兰西瓦尼亚，由白姑娘和福明特杂交而来。酸度高，香气清雅。

9.41.2.3 普拉维（Plavai）

普拉维属于白葡萄品种，起源于摩尔多瓦，在东欧各国皆有种植，在摩尔多瓦也称 Belan 或 Plakum，在罗马尼亚被称为 Plavana，在匈牙利被称为 Malvais，在俄罗斯被称为 Oliver，在乌克兰被称为 Bila Muka 或 Ardanski，在中亚被称为 Bely Krugly。该品种历史悠久，晚熟低产，现在濒临绝迹。

9.41.2.4 维奥瑞卡（Viorica）

维奥瑞卡属于白葡萄品种，起源于摩尔多瓦，由 Zabel 和阿利蒂科杂交而来。在摩尔多瓦、乌克兰、格鲁吉亚种植。该品种成熟期适中，皮厚耐寒，果肉多汁，有麝香葡萄的香气。

9.41.2.5 老姑娘（Rara Neagra）

老姑娘属于红葡萄品种，起源于摩尔多瓦，在罗马尼亚被发扬光大，也被称为黑巴贝萨卡，字面意思为"外祖母的葡萄"，是罗马尼亚种植面积第二大的品种，在乌克兰和美国也有种植。该品种果粒大、产量高，皮薄色浅，成酒后高酸，芳香四溢，可与黑皮诺相提并论，常与黑普卡利等品种混酿，酒体丰满，可陈年。

该葡萄品种历史非常悠久，以此嫁接和变异出来的品种很多，其中白姑娘和灰姑娘（Babeasca Gris）较为知名。

9.41.2.6 黑姑娘（Feteasca Neagra）

黑姑娘属于红葡萄品种，起源于摩尔多瓦，种植历史超过 2 000 年，后扩展到罗马尼亚及匈牙利。该品种成熟期适中，耐寒耐旱，色深味浓，高单宁，常用于混酿以加重酒体。

9.42 如何正确辨识摩尔多瓦葡萄酒酒标

酒标图解如下：

9.43 摩尔多瓦葡萄酒的等级制度

2019 年 4 月 4 日，摩尔多瓦的葡萄与葡萄酒局，和法国原产地和质量研究所（The National Institute of Origin and Quality，INAO）签署合作协议，开始摩尔多瓦原产地保护产区 PDO 的地理区域认证（包含地域的特异性和传统的酿酒方法）。

9.44 希腊葡萄酒产区及特色葡萄品种

9.44.1 希腊葡萄酒主要产区

表 9-13　希腊葡萄酒产区介绍

产区	主要葡萄酒产区及特色风土
克里特岛（Crete）	克里特岛是希腊最古老的产区，岛上还有公元前 3 世纪留下的酿酒痕迹，古罗马时代就以生产甜酒著称。克里特岛是希腊众多岛屿中产量最大的产区，由原生品种卡法里（Kotsifali）酿制的干红值得尝试，近来也流行和西拉等国际品种混酿

（续表）

产区	主要葡萄酒产区及特色风土
爱琴海群岛（Aegean Islands）	爱琴海群岛有 5 个子产区。 圣托里尼岛（Santorini），无疑是希腊景色最美的小岛。主要品种有阿斯提可（Assyrtiko），可以酿制风味十足的干白和甜美浓郁的圣酒（Vinsanto）。圣托里尼岛降雨量稀少，葡萄主要从夜间大雾中吸取水，所以成熟后的葡萄口味往往如葡萄干般浓郁。岛上风大，葡萄树的栽培因地制宜，人们在海边挖个深坑，把葡萄藤沿坑编成鸟巢的形状，把葡萄树种在坑里，防止强风的侵袭。圣托里尼岛经历过几次火山爆发，土地为砂质的火山土壤，覆盖着矿渣、熔岩和浮石。这些特殊的条件导致该地的葡萄产量有限而且个性凸显。 莎木岛（Samos），出口量居爱琴海群岛之最，以小粒麝香葡萄闻名。 利诺岛（Lemnos），亚里士多德和荷马赞美过的原生品种琳慕诗（Limnio）早已声名远播。 瑟法隆尼亚岛（Cephalonia）和赞特岛（Zante），遍布原生品种罗波拉、缇欧诗白葡萄和阿古西提雅红葡萄，尤其以清爽的干白见长。 重要酒庄：阿尔法酒庄
伯罗奔尼撒半岛（Peloponnese）	伯罗奔尼撒半岛东部的尼米亚（Nemea）法定产区，产量占全国总量的30%。这里属于地中海气候，夏季炎热干燥，降雨集中在春秋两季，葡萄园多位于海拔 250 ~ 900m 的坡地上，没有受过根瘤蚜侵蚀。阿吉提可红葡萄是当地的特产。中西部的曼丁亚（Mantineia）高地越来越受重视，本地芳香品种玫瑰妃（Moschofilero）的种植比例不断攀升。该岛北部的帕托（Patra）产区，以红葡萄黑月桂酿制甜酒闻名，但现在以茉蒂丝（Roditis）品种酿制的干白，有青出于蓝的趋势
希腊中部（Central Greece）	希腊中部主要部分为围绕着首都雅典的阿提卡（Attiki）产区，是希腊最大的单一葡萄酒产区，用于酿造"希腊国酒"松脂酒（Retsina）的白葡萄品种萨瓦迪诺占了 95% 以上份额
马其顿（Makedonia）	马其顿有 4 个子产区。 中西部的那萨（Naoussa）产区于 1971 年成立，是希腊第一个 PDO 法定产区。这里气候常年凉爽，但地形和微气候差别很大，北部山坡上冬天会有积雪，夏天却普遍干旱，以至于不得不人工灌溉。黑希诺是这里最重要的红葡萄品种，也和国际品种混酿成为 VDP 出售。 海拔较高的阿曼特（Amindeo）气温更冷，黑希诺酿制的桃红和起泡酒别有风味，酸度也更高。 北部的古门萨（Goumenissa）产区的风格和那萨相似，也许更为厚重。 西北部的伊佩（Epirus）产区的唯一法定产区济沙（Zitsa），擅长用本土白葡萄品种德比娜酿制干白和起泡酒，据说这是诗人拜伦的心头好。该产区的葡萄园海拔高达 1 200m，为希腊之最。 南部邻海的拉沙尼（Rapsani）产区，葡萄品种更为丰富

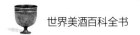

9.44.2 特色葡萄品种

希腊是欧洲葡萄酒的发源地之一，现约有 300 种葡萄品种，商业化的国际品种最为盛行，但近十多年来，本土品种在复兴，主要目的是挽救和栽培一些濒临灭绝的品种。《希腊葡萄酒》（*The Greek Odyssey of Wine*）一书中就提到，希腊几乎每年都会有至少一个酒庄，用闻所未闻的葡萄酿造出葡萄酒。

9.44.2.1 萨瓦迪诺（Savatiano）

萨瓦迪诺属于白葡萄品种，是希腊种植面积最大的品种，主要用于酿制经典的松脂酒。该品种带有鲜花和柑橘、苹果、蜜瓜等香气，高酸，结构强，陈年后奶油质感突出，带有蜜蜡、橘皮、黄油等风味。

9.44.2.2 阿斯提可（Assyrtiko）

阿斯提可属于白葡萄品种，起源于希腊，全希腊广泛种植，在其发源地圣托里尼尤其出名。该品种发芽和成熟较晚，抗风抗旱，在炎热的天气里依然可以保持高酸。新鲜的酒有柠檬、百香果和矿物质风味，陈年后会添加菠萝、茴香、奶油等诱人气息，也常用于制作圣酒。

9.44.2.3 阿思瑞（Athiri）

阿思瑞属于白葡萄品种，起源于爱琴海群岛，也称白阿思瑞，现为希腊种植面积第二大的白葡萄品种，黑阿思瑞是白阿思瑞的变种。该品种粒小皮薄，高产，酸度和酒精度适中，常用于酿制果味清新的易饮型干白，喜欢钙质丰富的土壤，极优异的年份也可以陈年。

9.44.2.4 艾大妮（Aidani）

艾大妮属于白葡萄品种，起源于爱琴海群岛，也称白艾大妮，黑艾大妮是白艾大妮的变种。该品种晚发芽晚熟，粒小皮厚，易感染霉菌，耐旱，产量高，因为低糖低酸，香气馥郁，常与阿斯提可或阿思瑞混合酿制干型和甜型葡萄酒。

9.44.2.5 罗波拉（Robola）

罗波拉属于白葡萄品种，起源于希腊，历史可追溯到新石器时代，主要在瑟法隆尼亚岛的石灰石土质中种植。现在它既是葡萄名也是该葡萄酿制的酒的名称。该品种早熟耐寒，果皮薄，果肉多汁，高酸，萃取物丰富，柠檬和柑橘气息明显，酒体强劲，和斯洛文尼亚的丽宝拉（Rebula）以及意大利的丽宝利亚（Ribolia）都有相关性。

9.44.2.6 缇欧诗（Teaoussi）

缇欧诗属于白葡萄品种，起源于地中海地区，主要在瑟法隆尼亚岛和赞特岛种植。该品种酒体轻盈，有热带水果和蜂蜜气息，常和罗波拉葡萄混酿。

9.44.2.7 玫瑰妃（Moschofilero）

玫瑰妃属于白葡萄品种，希腊本土芳香型品种系列（各自还有具体名称，形态和颜色各异），早在 1601 年，在伯罗奔尼撒半岛中西部就被提及。该品种颗粒大，可鲜食，水果糖和花朵等香气新鲜馥郁，经过酒泥或橡木桶陈年后，会添加杏仁和烤榛子的风味，酒体日趋饱满，质地更为圆润。

9.44.2.8 茱蒂丝（Roditis）

茱蒂丝是希腊种植面积第二大的白葡萄品种，茱蒂丝实际上是多种希腊本土品种的统称，如粉茱蒂丝（Roditis）、白茱蒂丝（Roditis Lefkos）、红茱蒂丝（Roditis Kokkinos）、狐茱蒂丝（Roditis Alepou）。

茱蒂丝大多香气浓郁，酒体饱满，酸度新鲜，有甜瓜、苹果和柑橘的芳香，不耐久藏。

9.44.2.9 德比娜（Debina）

德比娜属于白葡萄品种，起源于希腊，在济沙地区广泛种植，也是唯一的法定品种。该品种晚熟，产量大，酸度高，酒体轻，青苹果的香气活泼清新。

9.44.2.10 卡法里（Kotsifali）

卡法里属于红葡萄品种，起源于希腊，在克里特岛广泛种植。该品种高产，芳香四溢，口感柔顺，酒精度高，但缺乏单宁和颜色，常和曼迪拉葡萄混酿以增强结构感。

9.44.2.11 曼迪拉（Mandilaria）

曼迪拉属于红葡萄品种，起源于希腊，在爱琴海很多岛屿上都有种植。该品种单宁、花青素等多酚物质丰富，结构感强，但酒精度略低，可陈年。

9.44.2.12 琳慕诗（Limnio）

琳慕诗属于红葡萄品种，起源于爱琴海群岛，最早在利诺岛被发现，种植历史超过 2 000 年，现在众多岛屿和马其顿广泛种植。该品种晚熟、耐寒、抗旱性强，成酒后色浅光亮，酒精度高，有月桂和香草的独特风味。

9.44.2.13 阿古西提雅（Avgoustiatis）

阿古西提雅属于红葡萄品种，是稀有的希腊本土品种。该品种粒小色深，有成熟的樱桃、红李，以及地中海草本植物的香气，高酸高酒精度，单宁柔软细腻，可陈年。

9.44.2.14 阿吉提可（Agiorgitiko）

阿吉提可属于红葡萄品种，是希腊最成功的商业品种，也是希腊种植面积最大的红葡萄品种，还是最耐热的两大品种之一，在伯罗奔尼撒半岛东部广泛种植。该品种色深，黑李、覆盆子、肉豆蔻等香气浓郁，酒体饱满，单宁柔顺，口感丰富，酸度低，平衡性好，但结构感不强。

9.44.2.15 黑月桂（Mavrodaphne）

黑月桂属于红葡萄品种，起源于希腊，"Mavro"意为黑色，整个单词字面意思就是"黑色的月桂"，在伯罗奔尼撒半岛北部广泛种植，是帕托产区酿制帕托黑月桂甜红葡萄酒（Mavrodaphne of Patra）的基本原材料，这种甜红葡萄酒与葡萄牙的波特酒风格相仿，常用橡木桶陈年很长时间。该品种色深，高酸高单宁，酒精度略低，有黑莓、樱桃、甘草的气息，层次丰富，陈年后会有葡萄干和巧克力等风味，也常和其他品种混酿干型葡萄酒。

9.44.2.16 黑希诺（Xinomavro）

黑希诺属于红葡萄品种，起源于希腊，是马其顿种植面积最大的品种，在中国甘肃也有少量种植。该品种号称"希腊巴罗洛"，耐热晚熟，适合贫瘠的砂土和石灰岩，需要充足的光照，该品种成熟后高酸高单宁，结构宏大，香气丰富，草莓、红李、橄榄、西红柿、丁香、玫瑰、烟叶等气息都有可能在酒中找到。黑希诺主要分布在马其顿的 4 个 PDO 产区，其中，那萨和阿曼特规定必须由 100% 黑希诺酿制；北部的古门萨规定，黑希诺需要和 20% 的尼格斯卡混酿；在拉沙尼，黑希诺常与卡拉萨托和斯塔弗洛托混酿。

9.45 如何正确辨识希腊葡萄酒酒标

酒标图解如下：

酒庄标志

酒庄名

葡萄品种（西拉·黑希诺·美乐）

SYRAH · XINOMAVRO · MERLOT

9.46 希腊葡萄酒的等级制度

依照欧盟相关法令，所有葡萄酒分为两大类，即未标注地理产区和标注地理产区 GI。再由低到高细分为地理标志保护 PGI 和原产地命名保护 PDO。

9.46.1 地理标志保护 PGI

TO（Topikos Oinos）或 Vin de Pays，地区餐酒，原材料多为国际品种的商业酒。

OKP（Oenoi Onomasias Kata Paradosi）或 Appellation Traditionnelle，特指传统地区，适用于酿制经典的松脂酒（将松树脂加进年轻的葡萄酒中），常用葡萄为萨瓦迪诺和茱蒂丝，可以在任何地区生产。

9.46.2 原产地命名保护 PDO

OPAP（Onomasía Proeléfseos Anotéras Piótitos）：OPAP 标准相当于欧盟制定的"产于特定地区的高质量葡萄酒"（VQPRD）标准，符合这个要求的产区有 25 个，分布于 9 个行政区，例如，那萨 OPAP，尼米亚 OPAP，圣托里尼 OPAP，曼丁亚 OPAP 等。

OPE（Onomasía Proeléfseos Eleghoméni）：OPE 标准相当于欧盟制定的"产于特定地区的高质量甜葡萄酒"（VLQPRD）标准，共有 8 个产区，分属于 4 个行政区，该级别全都是用麝香葡萄和黑月桂酿制的甜酒。

注：在 OPAP 和 OPE 两个级别的酒标上，可以标注 Reserve 和 Grand Reserve 字样，但必须满足以下条件。

①白葡萄酒：Reserve 必须陈年 2 年（不少于 6 个月桶储，6 个月瓶储）；Grand Reserve 必须陈

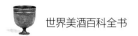

年 3 年（不少于 1 年桶储，1 年瓶储）。

②红葡萄酒：Reserve 必须陈年 3 年（不少于 6 个月桶储，6 个月瓶储）；Grand Reserve 必须陈年 4 年（不少于 2 年桶储，2 年瓶储）。

9.47 土耳其葡萄酒产区及特色葡萄品种

9.47.1 土耳其葡萄酒主要产区

在土耳其亚洲部分的安纳托利亚（Anatolia）地区，酿酒历史超过 5 000 年，这里是希腊神话中酒神的出生地。今天，这里的葡萄产量依然居世界领先地位，但因为宗教等原因，只有 4% 的葡萄用于酿造葡萄酒。

表 9-14　土耳其葡萄酒产区介绍

产区	主要葡萄酒产区及特色风土
安纳托利亚（Anatolia）	安纳托利亚占了土耳其大部分国土面积，东南部与伊拉克和叙利亚接壤，气候干燥严热，夏天阳光猛烈，日照可达 12h，冬天温度常常低至 − 25℃。葡萄园在该产区零星分布，多位于海拔 1 250m 以上的高山地区，土质以红黏土和风化砂岩为主，产量约占全国的 40%。 中南部的卡帕多奇亚（Cappadocia）是该地区乃至整个国家的旅游胜地和明星产区，这里的本土葡萄品种艾米尔和公牛眼为世界各地的游客带来无限惊奇，独一无二的火山熔岩地质，松软又透气，因为气候酷干，这里的葡萄藤要埋土，防止宝贵的水分蒸发掉。人类史上最深的地下城也是这里的文旅地标，为抵御外敌入侵，当年的居民在地下创建了最深可达 6 层的地下居所。 中北部的托卡特（Tokat）产区和叶斯（Yesilirmak）河流域，盛产精致的娜闰诗白葡萄酒。 重要酒庄：科杰巴克（Kocabag）酒庄
马尔马拉海岸（Marmara）	马尔马拉海岸毗邻保加利亚西南部和希腊东北部，算得上是地中海气候，夏天炎热多风，冬天温和潮湿。色雷斯（Thrace）地区受周边欧洲产国影响，这里的酿酒技术和设备日趋完善，现代化的酒厂陆续建成，葡萄酒产量约占全国 40%。 在古都伊斯坦布尔以西 230km 的穆莱夫特（Murefte）小镇附近，现在就有 30 多家酒厂在营业。有趣的是，当地酒农亲手酿制美酒，却经受住了酒香的诱惑，绝大多数人只吃葡萄和葡萄干
爱琴海岸（Aegean）	爱琴海岸是沿着爱琴海海岸线的产区，有着更明显的地中海气候，夏天干热，冬天更为温润柔和，葡萄酒产量约占全国的 20%

9.47.2 特色葡萄品种

土耳其种植的本土品种加上国际品种超过 4 000 种，其中 60 种已经在全国商业化普及。

9.47.2.1 艾米尔（Emir）

艾米尔属于白葡品种，起源于土耳其卡帕多奇亚，当地人也称其为"上帝（Lord）"或者"统治者（Ruler）"，是有钱人家必备的餐酒。该品种晚熟高产，适应大陆性气候，生长于贫瘠的火山砂土中，成酒后色泽浅黄，青苹果、菠萝、奇异果等香气清新，酸度高，酒体爽脆活泼，有矿物质风味，酿造时通常不过橡木桶，也不经过苹果酸-乳酸发酵。

9.47.2.2 娜闰诗（Narince）

娜闰诗属于白葡品种，起源于土耳其中北部，现为土耳其种植面积最大的白葡萄品种。该品种适合在排水性好的干燥土壤中生长，晚熟皮薄，成酒后酸度很高，有典型的西柚、柏树、核桃等香气，经过橡木桶陈年后会发展出更多的味道。

9.47.2.3 苏丹娜（Sultana）

苏丹娜属于白葡品种，起源于土耳其，也叫无核白，是全球种植面积最大的白葡萄品种，在中国新疆和美国加利福尼亚州广泛种植。加利福尼亚州大量生产的"夏布利酒"就以苏丹娜为原材料，而2003年澳大利亚某酒厂以苏丹娜为原材料生产销售大量"霞多丽干白"，成为臭名昭著的欺诈案件。苏丹娜可鲜食、制作葡萄干、酿酒。该品种喜爱干燥环境，皮薄，糖分高，口感爽脆，在优良的产区会有优异表现。

9.47.2.4 宝佳科（Bogazkere）

宝佳科属于红葡品种，起源于土耳其埃拉泽（Elazig）地区，现为土耳其常见葡萄品种，和常见的公牛眼以及濒临绝种的莫哈克葡萄有亲缘关系。该品种喜爱高海拔、排水性好的钙质黏土，中晚熟，既抗寒也抗热，粒小皮厚，酸度和糖分都高，成熟后黑莓、胡椒、甘草、烟草、泥土等香气高亢，单宁重，可陈年。

9.47.2.5 公牛眼（Okuzgozu）

公牛眼属于红葡萄品种，起源于土耳其，种植历史超过 7 000 年，其字面意思是黑色的大颗的眼珠，在土耳其广泛种植。该品种喜爱含石灰质的砂黏土，中晚熟，粒大色深，果肉饱满多汁，含糖量高，单宁柔顺，酸度清爽，可陈年，但慎用新桶，近 10 年是土耳其新贵名庄的至爱。

9.47.2.6 卡卡（Kalecik Karasi）

卡卡属于红葡萄品种，起源于土耳其首都安卡拉地区，在安纳托利亚广泛种植。该品种成熟后有樱桃、草莓、棉花糖、水果糖的味道，酸度清新，口感柔和，单宁偏低，风格和勃艮第的佳美类似。

9.48 如何正确辨识土耳其葡萄酒酒标

酒标图解如下：

9.49 加拿大葡萄酒产区及特色葡萄品种

9.49.1 加拿大葡萄酒主要产区

加拿大是地球上海岸线最长的国家，湖泊众多，水资源丰富。加拿大的冬天非常寒冷，而靠近水源的葡萄酒产区，气候相对没那么寒冷。

表 9-15　加拿大葡萄酒产区介绍

产区	主要葡萄酒产区及特色风土
安大略省（Ontario）	安大略省的葡萄酒产量占全国的 80%，其也是全球最大的冰酒产区。1988 年最早开始执行加拿大酒商质量联盟（Vintners Quality Alliance，VQA）标准。其中东部的尼亚加拉（Niagara Falls）半岛是冰酒的最佳产地，现约有 100 家葡萄酒酒庄生产冰酒，年产量高达 50 万升。 重要酒庄：云岭酒庄、瑞芙酒庄、皮利特利酒庄
英属哥伦比亚省（British Columbia）	英属哥伦比亚省是加拿大葡萄种植面积第二大的产区，气候较为温和，能种植酿造平衡优雅葡萄酒的欧洲葡萄品种。1990 年开始执行 VQA 标准。其中西岸的奥肯那根（Okanagan Valley）是冰酒的重要产区之一
魁北克省（Quebec）	魁北克省总面积约占加拿大国土面积的 1/5，这里天气寒冷且持续时间长，不适合种植欧洲葡萄品种，只能种植本土品种和杂交品种威代尔
新苏格兰（Nova Scotia）	新苏格兰产量不大，受大西洋冷气流影响，葡萄酒都具有很高的酸度。同时也是加拿大的苹果产地和渔业基地

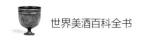

9.49.2 特色葡萄品种

加拿大种植葡萄和酿酒的历史超过 1 000 年，探险队在加拿大东北部发现许多当地抗寒的葡萄品种，因而此品种葡萄得名文兰（Vinland）。19 世纪，欧洲移民开始尝试栽培当地葡萄琵琶瑞（Piparia）和兰布斯卡（Labrusca），从而开始了加拿大葡萄酒的发展。传统种植依然以原生抗寒的欧美杂交葡萄为主，随着全球气候变暖，更多欧洲品种开始在加拿大盛行。

9.49.2.1 威代尔

威代尔属于白葡萄品种，原产于法国，现在在法国几乎绝迹。该品种由白玉霓和白谢瓦尔杂交而来，在加拿大和美国广泛种植，现在中国东北、西北也广泛种植。该品种抗寒性强，晚熟，皮厚，丰产，果汁含量丰富，香气馥郁，常有蜂蜜、芒果、杏桃、菠萝等味道，自然酸度高，适合酿制晚收葡萄酒和冰酒。

9.49.2.2 兰布斯卡（Labrusca）

兰布斯卡属于红葡萄品种，原产于北美，因气味特殊被称为狐狸葡萄。该品种常用来生产果汁，也用于酿酒。

9.49.2.3 黑巴克（Black Baco）

黑巴克属于红葡萄品种，原产于法国西南朗德，由白福尔和河岸葡萄品种格拉布茹格兰（Grand Glabre）杂交而来。该品种色深果粒小，酸度高单宁低，果味清新，喜欢黏土，早芽早熟，抗病性较强，曾经在法国西南、勃艮第、卢瓦尔广泛种植，现最广泛的种植地是加拿大安大略省和美国纽约州。

9.49.2.4 马夏·弗可（Marechal Foch）

马夏·弗可属于红葡萄品种，美法杂交品种，据说是阿尔萨斯农学家尤金·库曼（Eugene Kuhlmann）用金雷司令和拉丁美洲葡萄 Vitis Riparia-Rupestris 杂交而来。1946 年传到美国，原名 Kuhlmann188-2，后为纪念在"一战"中牺牲的法国将军福煦（Foch）而更名。该品种耐寒冷，产量稳定，成熟期较早，颜色明亮，酒体轻，带有樱桃和烟熏气息，酸度适中，可以陈年，在加拿大安大略省、美国明尼苏达州、美国纽约州广泛种植。

9.50 如何正确辨识加拿大葡萄酒酒标

酒标图解如下：

加拿大 VQA 等级标志 —

酒庄名 —

年份 + 葡萄品种名 + 陈酿标注 —
VQA 法定产区名称 —

容量 + 酒精度 —
糖度 —
产品类型 —
酒庄地址 + 国名 —

 9.51 加拿大葡萄酒的等级制度

1988 年是加拿大葡萄酒业最重要的一年，加拿大就是在这一年与美国签署了自由贸易协定。这不仅增强了该国酒农的竞争意识，而且对促进形成加拿大 VQA 也起到了推动作用。

VQA 的要求：

①如果使用葡萄园名称，葡萄园地点必须在法定产区内，且所有葡萄必须来自该葡萄园。

②酒标上标注葡萄品种不得低于所用葡萄总量的 85%。

③葡萄收获时必须达到最低的自然糖度，不同品种有不同标准。

④葡萄酒必须由独立的专家小组品评，只有达到标准的才能评为 VQA 级别，并

允许在瓶上印制 VQA 标志。

⑤ VQA 是加拿大主要的葡萄酒命名管理组织，现只在安大略省和英属哥伦比亚省实行。

值得一提的是，加拿大允许酒商使用外国的葡萄汁酿酒，酒标标注"加拿大窖藏"。其中，英属哥伦比亚省酿酒所允许使用的进口葡萄汁含量可达 100%，而安大略省则要求进口葡萄汁的含量不能超过 70%。

9.52 美国葡萄酒产区及特色葡萄品种

9.52.1 美国葡萄酒主要产区

虽然美国的 50 个州都种植葡萄，但加利福尼亚州的葡萄酒产量约占美国的 90%。

表 9-16　美国葡萄酒产区介绍

产区	主要葡萄酒产区及特色风土
加利福尼亚州	加利福尼亚州是美国面积最大的葡萄酒产区，位于美国西部太平洋沿岸，跨越了 10 个纬度，因而不同产区的气候和地形差异很大，土壤也丰富多样，包括沙地、黏土、壤土、花岗石、火山灰、海床土壤、河流冲积砾石等。好风土造就的优质产区包括纳帕谷（Napa Valley）、索诺玛县（Sonoma County）、中央山谷（Central Valley）等。 纳帕谷是南北走向的丘陵，从南部的圣巴勃罗湾到北部的圣海伦山，海拔只有 72m。这里光照充足，昼夜温差大，有利于水果生长，鲜食葡萄一年能产 2～3 季。 海岸边的索诺玛峡谷是索诺玛县的自然地界，将内陆的热空气隔开，这里气候相对凉爽，让出产更细腻优质的葡萄成为可能。 中央山谷沿太平洋海岸延绵 650km，气候干燥炎热，葡萄产量很高，主要生产易饮的白葡萄酒。 重要酒庄：真理酒庄、格雷斯家族酒庄、蒙大维酒庄、作品一号酒庄、卡迪那酒庄、鹿跃酒庄、啸鹰酒庄
华盛顿州（State of Washington）	华盛顿州和波尔多处于同一纬度，葡萄生长季气候温和，夜晚清凉，葡萄酒高产，品质不错。主要的 AVA（American Viticultural Areas，美国法定葡萄种植区）产区有雅吉瓦河谷、哥伦比亚峡谷、哥伦比亚河谷、沃拉沃拉河谷、霍斯黑文山等。 重要酒庄：辣椒桥酒庄、巴素尔酒庄
俄勒冈州（State of Oregon）	俄勒冈州和华盛顿州毗邻，主要 AVA 产区有维拉米特河谷、乌姆普跨河谷、柔格河谷、阿普盖特河谷
纽约州	纽约州位于美国东部大西洋沿岸，种植葡萄除了国际品种，还有法美杂交和美洲本地品种，历史最悠久的 AVA 产区是哈德逊河谷。 美国东部大西洋沿岸比较重要的产区除了纽约州，还有宾夕法尼亚州、弗吉尼亚州、北卡罗来纳州、新泽西州和佛罗里达州

9.52.2 特色葡萄品种

美国的葡萄酒历史可追溯到 500 年前，来自法国的修道士在当时的佛罗里达州地区用野生葡萄酿酒，之后慢慢引进法国葡萄品种。1683 年，首个种植法国品种的葡萄园在宾夕法尼亚州成立。

如今，美国的主要酿酒品种分为三大类：

①美洲野生品种：卡巴卡（Catawba）、康科德（Concord）、德拉华（Delaware）、伊莎贝拉（Isabella）、尼亚加拉（Niagara）、诺顿（Norton）及马斯克汀（Muscadine，圆叶葡萄）等。这类品种大多有一种狐骚味。它们广泛分布在美国的大部分地区，特点是抗病性较强。

②植物学家培育的美洲品种和欧亚品种杂交的后代：卡玉佳（Cayuga）、黑巴科（Baco Noir）、艾维拉（Elvira）、芳堤娜（Frontenac）、千瑟乐（Chancellor）、德索娜（De Chaunac）、晨光（Aurore）、维诺（Vignoles）等。

③国际流行的欧亚品种：赤霞珠、品丽珠、美乐、霞多丽、长相思、金粉黛、味儿多、威代尔和黑皮诺等。这类品种主要分布在美国北部产区。

⚜ 9.53 如何正确辨识美国葡萄酒酒标

酒标图解如下：

—————— 酒庄标志

—————— 酒庄名·酒名

—————— 产区名＋产品类型

—————— 生产者标注（由蒙大维和木桐菲利普男爵合作，签名）

—————— 酒庄地址＋酒精度＋容量

⚜ 9.54 美国葡萄酒的等级制度

1920 年，美国实施的"禁酒令"，几乎让全美酒业停摆。1933 年，"禁酒令"被废止，酒庄得以重新酿酒，这个阶段，市场售卖的大多是廉价的甜型葡萄酒。

1976 年，"巴黎审判"让美国葡萄酒名声大噪。

1978 年，美国酒类、烟草和武器管理局（现为酒类、烟草税项和贸易管理局）首次规定，根据不同气候和地理条件，建立 AVA 制度。

1980 年，第一个 AVA 产区——奥古斯塔（Augusta）在密苏里州成立。

AVA 制度规定，若用酿酒葡萄品种名命名，则被选作酒名的葡萄品种至少要占全部原料的 50% 以上。1983 年，管理局规定，标注葡萄品种的含量必须超过 75%，同时使用的品种名称不能超过 3 个，而且必须列出每个品种的含量。而酒标上标注的产地则较为宽松，可以是一个州的名字，也可以是某一块葡萄园的名字。

若使用"Estate Bottled"这个词，酒园和葡萄园必须在标明的 AVA 产区内，业者"必须拥有或控制"所有的葡萄园。

申请 AVA 需要对历史和现实的气候、土壤、水量等因素进行例证，例证可以与葡萄种植和酿酒无关，因为 AVA 并不对葡萄品种以及种植方式等进行限定，命名一个 AVA 只是为了使其区别于周围地区。

现在，美国已经注册的 AVA 产区超过 300 个，其中加利福尼亚州有 139 个。

9.55 阿根廷葡萄酒产区及特色葡萄品种

9.55.1 阿根廷葡萄酒主要产区

表 9-17　阿根廷葡萄酒产区介绍

产区	主要葡萄酒产区及特色风土
巴塔哥尼亚（Patagonia）	巴塔哥尼亚是阿根廷最南端的产区，这里的山谷气候相对凉爽，让葡萄的酸甜度更趋平衡，里奥内格罗（Rio Negro）是出名的优质产地
门多萨（Mendoza）	门多萨是阿根廷葡萄种植面积最大的产区，产量占了全国的 70% 以上。门多萨遍布葡萄园，靠近安第斯山脉的是核心产区，酒厂星罗棋布，以石质冲积土壤为主，土质相对年轻。昼夜的温差和吸收冷风的门多萨河宝石才是这里的制胜法宝。优质产地包括：路库约（Lujan Cuyo，位于北部，海拔较高，良好的酸度是这里的美酒特点，红葡萄酒几乎都用法国橡木桶陈年）、圣拉菲尔（San Rafael，位于安第斯山脉下）、麦普（Maipu，位于首府南方）、优孔山谷（Uco，位于首府以南 65km 处，拥有更高的海拔，更凉爽的气候）
圣胡安（San Juan）	圣胡安是阿根廷葡萄种植面积第二大的产区，葡萄种植区的海拔为 600～1 200m，葡萄品种丰富多样
拉里奥哈（La Rioja）	拉里奥哈位于阿根廷西部，拥有历史超过百年的酿酒工厂。西北部的法玛缇纳谷分布了许多重要酒厂，又分为西部的博迈月谷（Bermejo Valley）和东部的安提那可罗斯卡罗拉多谷（Antinaco-Los Colorados Valley）

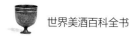

9.55.2 特色葡萄品种

1516 年，来自西班牙的殖民者带来第一批酿酒葡萄，随后该品种逐渐在南美洲普及。时至今日，法国人带来的马尔贝克和意大利人带来的伯纳达成为红葡萄中的主角，而特浓情和佩德罗吉梅内斯是白葡萄中的佼佼者，不过，更多的国际品种在阿根廷被普及。

9.55.2.1 特浓情（Torrontes）

特浓情属于白葡萄品种，起源于西班牙。在阿根廷，特浓情实际上是 3 种葡萄的统称，即里奥哈特浓情（Torrontes Riojano）、桑瓜特浓情（Torrontes Sanjuanino）、门多斯特浓情（Torrontes Mendocino），从名字上我们可以知道它们的主要种植区。

所有的特浓情葡萄都热情洋溢，有玫瑰花和麝香气息，同时不乏草本的清新，果香浓郁丰满，果味十足。

9.55.2.2 佩德罗吉梅内斯（Pedro Gimenez）

佩德罗吉梅内斯属于白葡萄品种，原产于阿根廷，主要种植在门多萨地区，曾经是阿根廷种植面积最大的白葡萄品种。智利也有种植，用于生产皮斯科酒。该葡萄果香清爽，酿造出的葡萄酒酒体轻盈。其名称虽然和西班牙的"Pedro Ximenez"拼写很相似，但植物学家认为两者没有相关性。

9.55.2.3 马尔贝克（Malbec）

马尔贝克属于红葡萄品种，起源于法国，该品种于 18 世纪在法国波尔多和西南产区广泛种植，因为当时的气候较冷，葡萄无法完全成熟而不受重视，后成为西南产区卡奥尔的个性品种。在阿根廷，该品种被发扬光大，人们甚至为之设立了"马尔贝克日"。这里的马尔贝克成酒后香气更为浓烈，口感厚重，单宁清晰，个性张扬，颇受现代酒客喜爱。

9.55.2.4 伯纳达（Bonarda）

伯纳达属于红葡萄品种，起源于意大利，现为阿根廷种植面积排第二位的红葡萄品种。该品种带有樱桃、红李的果香，成酒后酒体轻盈，单宁较低，酸味适中，老藤的味道更为浓郁集中。陈年后会有无花果和乌梅干的香气，个性鲜明。

也有人说该品种起源于法国的萨瓦产区，但该品种现在法国已非常罕见。

9.56 如何正确辨识阿根廷葡萄酒酒标

酒标图解如下：

酒庄名
表示由波尔多白马酒庄和
阿根廷安第斯酒庄合建

产区名

9.57 阿根廷葡萄酒的等级制度

1999 年，DOC 法定产区标准由阿根廷国家农业技术研究院提案，经政府批准设立，其相关内容包括：

①必须全部采用标注法定产区内出产的葡萄；

②每公顷不得种植超过 5 500 株葡萄树；

③每公顷的葡萄产量不得超过 10t；

④橡木桶和瓶储时间分别至少 1 年。

已核准的 DOC 法定产区有路库约、圣拉菲尔、麦普、法玛缇纳谷（Valle de Famatina），事实上，也有不少知名的酒庄并不按 DOC 标准，而是沿袭传统方式种植和酿制，继续坚持经典的阿根廷本土风格。

9.58 智利葡萄酒产区及特色葡萄品种

9.58.1 智利葡萄酒主要产区

智利国土狭长，南北全长 4 506km，从东到西只有约 200km。南至巴塔哥尼亚（Patagonia）冰川，接近南极，很多区域温度常年低于 0℃。北部的阿塔卡马（Atacama）沙漠是多石的荒漠，气候干燥炎热。西边是长达 5 000km 的太平洋海岸线。东侧是终年积雪、海拔高达 7 000m 的安第斯山脉。中部却阳光明媚，适合葡萄树生长。

表 9-18　智利葡萄酒产区介绍

产区	主要葡萄酒产区及特色风土
南部大区 （Southern Chile）	南部大区是智利最南端的产区，由于缺乏山脉的屏障，气候相对寒冷潮湿，更适合白葡萄品种生长。分为 3 个子产区：马勒谷（Malleco Valley，毗邻南极，范围很大，实际种植面积仅为 12 公顷，1995 年由 Felipe 种下第一棵葡萄树，后划分成为一个独立的产区）、比奥比奥谷（Bio Bio Valley，温和的地中海气候，全年雨量充足，葡萄生长期较长，以砂砾土为主，主要种植长相思、雷司令、霞多丽和黑皮诺）、伊塔塔谷（Itata Valley，面积最小，夏季凉爽、冬季多雨，以黏土、沙壤土、花岗岩为主，主要种植派斯的麝香品种）
中央山谷大区 （Central Valley）	中央山谷大区是智利最核心的产区，横跨中部平原，大多数种植区域为地中海气候。分为 5 个子产区：莫莱谷（Maule Valley，气候较为凉爽，酒体趋向平衡精致）、库里科谷（Curico Valley，拥有更肥沃的石灰岩土质，是智利面积最大的白葡萄酒产区）、科尔查瓜谷（Colchagua Valley，阳光充足，土壤多沉积物，矿物质含量丰富，曾被美国《葡萄酒爱好者》杂志评为"年度葡萄酒产区"，高海拔的美乐表现令人惊喜）、卡恰布谷（Cachapoal Valley，和科尔查瓜谷的混酿会标注 Rapel Valley）、迈朴谷（Maipo Valley，智利出口量最大的产区，也是最早种植葡萄树的产区，产区内气候、海拔和土壤差异极大，出品多为优质红白葡萄，智利的顶级名庄查维克酒庄、活灵魂酒庄等都在这里）。 重要酒庄：查维克酒庄、活灵魂酒庄、拉博丝特酒庄、西格尔酒庄、柯诺苏酒庄、蓝晶石酒庄、冰川酒庄
阿空加谷大区 （Aconcagua Valley）	阿空加谷大区分为 3 个子产区：圣安东尼奥谷（San Antonio Valley，气候相对寒冷潮湿，黑皮诺的表现不错）、卡萨布兰卡谷（Casablanca Valley，受秘鲁冷空气影响，气候相对凉爽，土质多为贫瘠的黏土和砂石，给种植长相思带来惊喜，但倒春寒和缺水却成为难以预防的危害）、阿空加瓜谷（Aconcagua Valley，气候相对温暖，昼夜温差大，最知名的酒厂当数伊拉苏）
柯金博大区 （Coquimbo Valley）	柯金博大区是智利最北的产区，北邻沙漠，气候较为炎热，需要定期灌溉。这里主要酿制皮斯科蒸馏酒，重要原材料为麝香和佩德罗吉梅内斯葡萄。分为 3 个子产区：峭帕谷（Choapa Valley，种植面积不大，葡萄园多位于山麓的岩石上，阳光充沛，雨量较少，以西拉、赤霞珠等红葡萄为主）、利马里谷（Limari Valley，地处沙漠边缘，年降雨量仅 95mm。清晨会有太平洋吹来的浓雾滋润，下午浓雾飘散后阳光普照，夜晚干燥凉爽，干露集团在这里的酒庄表现不错）、艾尔基谷（Elqui Valley，智利最北的产区，接近沙漠性气候，年降雨量不足 70mm，土质为艾尔基河的沉积物和冲积土形成的棕土，这里大量出品皮斯科蒸馏酒，少量的红酒也颇有特色）

9.58.2 特色葡萄品种

1516 年，来自西班牙的传教士开始在圣地亚哥种植派斯葡萄，从而开始了智利的葡萄酒纪元。

9.58.2.1 派斯（Pais）

派斯属于红葡萄品种，起源于西班牙，现在已被认为是智利的本土品种，也被叫作"Negra Peruana"。产量高，颜色不深，有甜美的果味和草本芳香，常用于酿制新鲜的桃红和起泡酒。

9.58.2.2 佳美娜（Carmenere）

佳美娜属于红葡萄品种，起源于法国，因根瘤蚜灾害而在法国绝迹，1991年在智利被重新发现，现在成为智利的国宝性品种。该品种产量不大，成酒后果香浓郁而丰富，单宁柔顺细腻，口感饱满，酸度适中，结构感强。

 ## 9.59 如何正确辨识智利葡萄酒酒标

酒标图解如下：

——— 酒庄品牌名

——— 酒庄自定义等级（家族精酿）

——— 葡萄品种（赤霞珠）
——— 年份

——— 酿酒师签名

——— 小产区名（迈朴谷）
——— 产国名

 ## 9.60 智利葡萄酒的等级制度

1995年，智利开始实行原产地命名制度DOS，对葡萄酒产区进行划分。

该制度只针对产区，不针对酒庄，所以等级相同的产区内，不同的酒庄其酒的品质可能相差千万里。

智利并没有严格的等级制度，相同酒庄如果有品质不同的产品，通常会分为以下6个等级，但这并非官方强制标准，没有绝对可比性。

9.60.1 品种酒 (Varietal)

酒标只列明葡萄品种，是比较基础的酒。品种酒再细分为3种：品种级、优质品种级、精选级。这三种都是同一级别，区别在于葡萄树的树龄，品种级树龄最低，优质品种级树龄较高，精选级树龄最高。一般可按照这个顺序来进行品质区分。

9.60.2 珍藏级 (Reserva)

和品种酒相比，经过橡木桶熟成的葡萄酒，品质、风味更加丰富，质量更高。

9.60.3 特级珍藏级 (Gran Reserva)

葡萄酒不仅经过橡木桶熟成，窖藏时间也比珍藏级更长，酒质和储藏潜力也较好。

9.60.4 限量珍藏级 (Limited Edition Reserva)

葡萄酒不仅经过橡木桶熟成和窖藏，年产量相对较少，而且其酒质及储藏潜力更好。

9.60.5 家族珍藏级 (Reserva de Familia)

通常指该酒庄综合品质最好的葡萄酒。

9.60.6 至尊限量级 (Premium)

通常比家族珍藏级的品质更好，产量更少，如果当年没有达到标准的葡萄，酒厂一般就不会酿制至尊限量级的葡萄酒。家族珍藏级和至尊限量级的区别，还要看酒存放在橡木桶中的时间。一般情况下，至尊限量级的葡萄酒存放在新的法国橡木桶中的时间要超过 18 个月，因此成本更高，储藏潜力也更好。

智利法规同时规定：

如果酒标上标注葡萄品种，那么该葡萄品种的含量不得低于 75%；

如果酒标上标注年份，那么该酒中至少要有 75% 的葡萄来自该年份；

如果酒标上标注产地，那么该酒中至少要有 75% 的葡萄原料来自该产区；

可以说，作为新世界产国，智利的等级制度还在逐步完善。

9.61 澳大利亚葡萄酒产区及特色葡萄品种

9.61.1 澳大利亚葡萄酒主要产区

表 9-19 澳大利亚葡萄酒产区介绍

产区	主要葡萄酒产区及特色风土
新南威尔士 （New South Wales）	据说，澳大利亚第一棵葡萄树在悉尼，而最早的葡萄种植园位于猎人谷（Hunter Valley），如今，从悉尼到猎人谷已有上百家酒庄，在郁郁葱葱的葡萄园边来一个美酒午餐，这种享受可能超越了美酒本身。 19 世纪 60 年代，德国移民来到蓝色山脉深处的马奇谷（Mudgee），开始发展商业化葡萄种植，使其成为新南威尔士的另一大看点 

（续表）

产区	主要葡萄酒产区及特色风土
维多利亚 （Victoria）	维多利亚是澳大利亚面积最小的州，位于东南沿海，最知名的产区是亚拉谷（Yarra Valley）和希恩科特（Heathcote）。亚拉谷是维多利亚最古老的产区，这里气候寒冷，出品的霞多丽、长相思等白葡萄酒都有上佳表现。希恩科特则是西拉、赤霞珠等红葡萄的乐土，每年10月至次年3月葡萄的生长期，都会受骆驼山产生的寒流影响，让酒体更为紧致优雅。 重要酒庄：巴顿酒庄
南澳 （South Australia）	南澳是澳大利亚最大的产区，全国有超过一半的葡萄酒产自南澳，全国最知名、最昂贵的顶级名庄更是集中在阿德莱德（Adelaide）。由于之前的与世隔绝，这里幸存了过百年的葡萄树，没有受到根瘤蚜侵害，自然而健壮。 巴罗莎谷（Barossa Valley）的地中海气候比较温和，连绵的山脉和肥沃的土壤，让葡萄的品质和产量可以共存。 麦克拉伦谷（McLaren Vale）在阿德莱德南部沿海，每年都会为了"最好的西拉"殊荣而和巴罗莎谷竞争，肥沃的土地和来自圣文森深谷的水源，让果园和草场都无比丰茂，葡萄酒也强劲醇厚。 克莱尔谷（Clare Valley）的地势多变，被称为"澳大利亚雷司令的故乡"，很多爱酒客慕名而来。 稍远的东南部，库拉瓦拉（Coonawarra）产区，以个性化的红土（Terra Rossa）覆盖石灰岩地质，为葡萄酒创造了可以陈年的好条件。 除此之外，南福雷里卢（Southern Fleurier）、金钱溪（Currency Creek）、兰好乐溪（Langhorne Creek）属于温和的海洋性气候，阿德莱德山区（Adelaide Hills）较为凉爽，累河岸地区（Riverland）较为炎热。包括帕史维（Padthaway）、拉顿布里（Wrattonbully）和本逊山地区（Mount Benson）的石灰岩海岸地区，则因为柔和的海风而别具一格。 重要酒庄：克瑞斯瑞兰酒庄、格林诺克小溪酒庄、奔富酒庄、托布雷酒庄、克拉伦敦山酒庄、莱利斯酒庄、石鱼酒庄
西澳 （West Australia）	西澳是澳大利亚面积最大的州，葡萄产量却占不到总产量的5%，葡萄园大部分集中在西南部的天鹅谷（Swan Valley）地区。不过，更南边的玛格丽特河产区（Margaret River）在过去20年的表现令人瞩目，此地在河流和海水交汇地带，不仅风光秀丽，酒品也令人满意。 重要酒庄：百利达酒庄
塔斯马尼亚岛 （Tasmania）	塔斯马尼亚岛种植葡萄树的历史不短，但形成产业是在20世纪70年代，现在也成为新兴的爱酒客新胜地

9.61.2 特色葡萄品种

1820—1840年，随着英国殖民者的登陆，澳大利亚的葡萄种植业相继在新南威尔士、塔斯马尼亚岛、西澳、维多利亚展开，南澳紧随其后，且后来居上。因此，澳大利亚的葡萄几乎都是从欧洲和南非引种的，一度以GSM（歌海娜、西拉、慕合韦德）为主。直至20世纪，澳大利亚才开始有自主培育的新品种。

9.61.2.1 塔然高（Tarrango）

塔然高属于红葡萄品种，原产于澳大利亚，1965年，由葡萄牙的图瑞加和苏丹娜（无核白）杂交而成。塔然高属于晚熟品种，可酿制酒体轻盈、单宁低、酸度高的红酒，在炎热的灌溉产区成熟度较好。

9.61.2.2 森娜（Cienna）

森娜属于红葡萄品种，原产于澳大利亚，1972年，由西班牙的苏摩尔（Sumoll）和法国的赤霞珠杂交而成，能适应炎热干燥的气候，产量很高。该品种颜色深，单宁重，有薄荷和草莓香气，常用来酿制起泡酒。

 9.62 如何正确辨识澳大利亚葡萄酒酒标

酒标图解如下：

酒庄品牌 ——

葡萄年份（2017）——
小产区名称 ——

—— 葡萄品种（西拉）

9.63 澳大利亚葡萄酒的等级制度

澳大利亚葡萄酒采用分地界式的产地标示制度（Geographical Indication，GI），产区共分为三级，即地区（Zone）、区域（Region）和次区域（Sub-region）。

南澳在此基础上引入了优质地区（Super Zone）的概念，目前只有阿德莱德地区被定义为优质地区，包括巴罗萨（Barossa）区域和福雷里卢（Fleurieu）区域。

 9.64 新西兰葡萄酒产区及特色葡萄品种

新西兰位于南半球，北纬 36°～45°，贯穿南北二岛的山脊——南阿尔卑斯山脉挡住了西方凛冽的塔斯曼海风（而西海岸几乎颗粒无收）。该地区属于海岛性气候，雨水过于充沛。过多的降雨不仅会降低葡萄的糖分，还会影响葡萄的成熟度。新西兰的葡萄采收工作往往从每年 2 月开始，到 6 月才逐渐收尾。

9.64.1 新西兰葡萄酒主要产区

表 9-20　新西兰葡萄酒产区介绍

产区	主要葡萄酒产区及特色风土
北岛（North Island）	北岛较为炎热，春夏两季的温差超过 10℃，火山土壤是其地质特征。奥克兰（Auckland）和吉斯伯恩（Gisborne）两地都兼具红白酒庄。霍克湾（Hawke's Bay）气候相对温和，葡萄酒风格一度由"波尔多混酿"领衔。隶属于怀拉拉帕（Wairarapa）大区的马丁堡（Martinborough）以清新的黑皮诺著称于世。诗人顾城居住的怀何可岛（Waiheke），从奥克兰出发，一天之内可往返。重要酒庄：哈哈酒庄

（续表）

产区	主要葡萄酒产区及特色风土
南岛 （South Island）	南岛由冰川运动造就，梯田和片岩是该地葡萄园的主要风景。最靠北的马尔堡（Marlborough）是新西兰最大的产区，凉爽的气候让这里的长相思和雷司令别具一格。 尼尔森（Nelson）、坎特伯雷（Canterbury）两大产区，无疑成为马尔堡的影子。 更南端的中部奥塔格（Central Otago）出品的黑皮诺倒是可圈可点

9.64.2 特色葡萄品种

1819 年，殖民者将葡萄树带到了霍克湾。1973 年，葡萄酒生产商蒙大拿在马尔堡开始了新西兰葡萄商业化种植。南岛的长相思和北岛的黑皮诺，一度成为新西兰的葡萄酒旗帜。当然，现在有更多的品种开始在新西兰与众不同的土地上扎根，为世界葡萄酒带来一股清新的风尚。

 ### 9.65 如何正确辨识新西兰葡萄酒酒标

酒标图解如下：

酒庄名

产国名

葡萄品种 + 年份

9.66 新西兰葡萄酒的等级制度

新西兰的葡萄酒等级并不分明，可以认为产区标注越细，酒越高级。

产区表现为地理标志。如果要在酒标上标注产区、年份或品种，则需要有 75% 的酿造果实来自所标注的产区、年份或品种。如果该产品要出口到欧洲和美国，则比例必须提高到 85%。

✿ 9.67 南非葡萄酒产区及特色葡萄品种

9.67.1 南非葡萄酒主要产区

官方将南非葡萄酒产区划定为 6 大地理区域（Geographical Units），5 大产区（Regions），27 个地方葡萄酒产区和 78 个次产区。

表 9-21　南非葡萄酒产区介绍

产区	主要葡萄酒产区及特色风土
西开普地区（Western Cape）	西开普地区是南非最大的葡萄种植区域，从开普山脉一路延绵，高低不平的山谷地形让葡萄的不同个性得以展现，包括 5 个大区：布利克河谷（Breeke River Valley）、开普南海岸（Cape South Coast）、沿海区（Coastal Region）、奥勒芬兹河区（Olifants River）、克雷卡鲁区（Klein Karoo）。葡萄园大部分集中在沿海 50km 范围内，南纬 34°～35°的地中海气候，既有明媚阳光，也不乏凉爽的海风。沿海地质以花岗岩和砂质岩为主，内陆地质以河流冲积土和页岩母质土为主。 邻近开普城的康斯坦提亚谷（Constantia）也必须提到，这里毗邻塔尔布山，生产的康斯坦提亚甜酒久负盛名。 重要酒庄：奥曼迪酒庄、沙朗博格酒庄、62 号公路酒庄
北开普地区（Northern Cape）	北开普地区沿着奥兰治河延伸，气候温暖，主要生产白诗南等白葡萄酒。没有大产区，包括两个葡萄酒产区：道格拉斯（Douglas）、南地卡鲁（Southerland Karoo）

9.67.2 特色葡萄品种

1652 年，来自荷兰的殖民者开始了南非的葡萄酒产业。1688 年，来自法国的新教徒逃亡到南非，顺便为当地葡萄酒品质的提高尽了力。1886年，来自美国的根瘤蚜灾害几乎毁灭了南非的葡萄园，直至1918年才逐渐复苏。现有73个栽培品种用于葡萄酒生产。

南非葡萄品种皮诺塔奇（Pinotage）是红葡萄品种，起源于南非，1925年由黑皮诺和神索杂交而来。适应炎热天气，成酒后果香浓郁，口感饱满，单宁重，酒体大，有特殊的塑胶、烟熏、泥土气息，很有陈年潜力。

9.68 如何正确辨识南非葡萄酒酒标

酒标图解如下：

9.69 南非葡萄酒的等级制度

1918 年，南非葡萄种植者合作协会（KWV）成立。

1973 年，南非的葡萄酒及烈酒管理局（Wine and Spirit Board）制定并颁发了一系列有关葡萄酒产区划分、葡萄种植、葡萄酒酿制和标签规格等方面的法规——产地分级制度（Wine of Origins，WO）。

1957 年，南非提出酒类产品法案，1989 年对其作出修订，关于葡萄酒原产地、栽培品种、葡萄收获期，由果酒及烈性酒管理局控制管理，每瓶葡萄酒或白兰地酒瓶上都有一个由果酒及烈性酒管理局签发的封章。

9.70 摩洛哥（北非）葡萄酒产区及特色葡萄品种

9.70.1 摩洛哥（北非）葡萄酒主要产区

摩洛哥的葡萄酒历史超过 2 500 年，起源于腓尼基人，在古罗马时期已经颇具规模，是阿拉伯国家主要的产区。现划分为 5 个葡萄酒产区，其中有 14 个原产地产区。

表 9-22　摩洛哥（北非）葡萄酒主要产区介绍

产区	主要葡萄酒产区及特色风土
东部地区 （Eastern Region）	东部地区是摩洛哥最大的葡萄种植区域，其中很大一部分葡萄种植园和酒庄都集中在梅克内斯 / 菲斯（Meknes/Fes）地区。梅克内斯 / 菲斯三面环山、一面朝海，地形起伏多变，受大西洋的影响，白天日照充沛，夜晚清凉如水。主要地质为砂砾土质，在葡萄园中，既可以看到骆驼犁地、橄榄肥田的奇景，又可以看到现代化的滴灌等系统。 特别值得一提的是，中华文化已经在当地扎根。如果中国人漫步在梅克内斯城市街头，当地的年轻人会友好地主动用中文说"你好"，城内一平方千米范围内最热闹的大巴扎商业街，竟然有十几家欧普（OPPO）手机零售店。 重要酒庄：罗斯兰酒庄

9.70.2 特色葡萄品种

摩洛哥被法国殖民统治了 50 年，葡萄酒产业也极大地受到法式影响，种植品种以法国的赤霞珠等为主。

9.71 如何正确辨识摩洛哥葡萄酒酒标

酒标图解如下：

酒庄名
酒庄等级
AOC 法定产区名

酒庄所在城市

年份

9.72 摩洛哥葡萄酒的等级制度

1956 年，摩洛哥宣布独立。

2001 年，成立新的原产地名称控制制度（Appelation d' Origine Contrôlée，AOC）。

2009 年，成立第一个酒庄——罗斯兰酒庄（Château Roslane），并申请成为摩洛哥第一个一级园。

10　全球酒展篇

当今，世界各国的酒类行业有哪些主要展览会呢？

10.1 中国春季糖酒会

每年 3 月在四川成都举办，1955 年首办至今，参展商超过 10 万家，每年均吸引超过 100 万观众从全国各地乃至世界各地前往参加，被业界称为"天下第一会"。

10.2 中国秋季糖酒会

每年 9 月举办，每年主办方会提前一年选择主办城市，过去十几年分别在天津、重庆、武汉、沈阳、济南、长沙、西安、济南、太原、石家庄等城市举办，参展商超过 1 万家，专业观众约 20 万人。

10.3 中国香港 IWSF 国际美酒展

每年 11 月举办，亚洲最大规模的专业酒展，参展商超过 5 000 家。

10.4 中国广州 Interwine 酒展

每年 5 月和 11 月举办，至今已超过 15 年历史，参展商超过 3 000 家，是中国内地规模最大的专业葡萄酒烈酒展览会。

10.5 中国北京 Topwine 酒展

每年 6 月举办，至今已超过 10 年历史，参展商超过 1 000 家。

10.6 中国深圳 TOE 酒展

2019 年第一次举办，参展商超过 1 000 家，成为中国颇具影响力的专业酒展。

10.7 意大利维罗纳 Vinitaly 酒展

每年 4 月在意大利威尼托大区维罗纳举办，每年参展商超过 5 万家，参观人数约 50 万人，是欧洲规模最大的专业酒展。展前一周，会在维罗纳举办多种专业活动和葡萄酒艺术节。

10.8 法国波尔多 Vinexpo 酒展

每年 5 月，隔年分别在法国波尔多和中国香港举办，参展商超过 5 000 家。是法国最专业、规模最大的葡萄酒展。每年 3 月在美国纽约举办副展，2019 年 10 月增加了中国上海的副展，2020 年增加了和巴黎农产品展同期举办的巴黎 Vinexpo。

10.9 法国南部 Vinisud 地中海酒展

以前每两年举办一次，2 月在法国蒙彼利埃举办，参展商超过 5 000 家。2020 年起，更改为每年举办一次，隔年在巴黎举办一届。

10.10 德国 Prowine 酒展

每年 3 月在德国杜塞尔科夫举办，参展商超过 5 000 家。此外，Prowine 酒展每年 11 月在中国上海举办，参展商超过 3 000 家。隔年 5 月在新加坡和中国香港举办副展。

10.11 德国 Drinktec 国际啤酒展览会

每隔 4 年在德国慕尼黑举办，参展商超过 2 000 家，专业观众超过 10 万人，是全球最专业、规模最大的啤酒展览会。

10.12 西班牙 Salon de Gourmets 精品酒类食品展览会

每年 6 月在西班牙首都马德里举办，参展商超过 3 000 家，是西班牙最大的专业食品和酒类展会。

10.13 葡萄牙 SISAB 酒展

每年 2—3 月在葡萄牙首都里斯本举办，参展商约 2 000 家。

10.14 英国 London Wine Fair 伦敦葡萄酒博览会

每年 5 月在英国首都伦敦举办，参展商 500 ～ 1 000 家，是英国规模最大的专业酒展。

10.15 美国 Wine & Spirits Wholesalers of America 酒类饮料专业展

一年一度在美国不同城市举办，已经有 80 年历史，参展商超过 5 000 家，是美国最具规模的专业饮料和酒类展会。最近几年，美国 Vinexpo 纽约副展进行了更专业的展览。

10.16 澳大利亚 Good Food & Wine Show 国际食品及葡萄酒展览会

一年举办 4 届，分春、夏、秋、冬，其中一次在悉尼举办，另外三次会在不同的城市举办，例如墨尔本、阿德莱德、布里斯班、帕斯等。参展商约 1 000 家，是澳大利亚规模最大的食品和酒类展会。

11 品评体系篇

11.1 世界权威的啤酒类评分机构

RB：精酿啤酒 Rate Beer 网站，5 分值，针对世界啤酒进行品评。

11.2 世界权威的葡萄酒类评分体系

表 11-1　世界权威的葡萄酒类评分体系

名称	说明
DEC	英国《品醇客》（*Decanter*），创立于 1975 年
WS	美国《葡萄酒观察家》（*Wine Spectator*），创立于 1976 年
WE	美国《葡萄酒爱好者》（*Wine Enthusiast*），创立于 1988 年
IWC	美国《国际葡萄酒窖》（*International Wine Cellar*），斯蒂芬·谭泽（Stephen Tanzer）担任主编
JR	简·罗宾逊（Jancis Robinson），英国葡萄酒大师协会（MW）核心成员，英国葡萄酒烈酒教育基金会（WSET）主席
JS	詹姆斯·萨克林（James Suckling），美国《葡萄酒观察家》杂志前主编
LM	卢卡·马罗尼（Luca Maroni），《意大利好酒年鉴》（*Annuario dei Migliori Vini Itailani*）主编
GP	西班牙《吉利·佩南葡萄酒指南》（*Guia Penin Wine Guide*）

11.3 世界权威的威士忌类评分机构

JM：英国《威士忌圣经》（*Jim Murray's Whisky Bible*），吉姆·穆瑞创立。

WB：荷兰威士忌数据库 Whisky Base 网站。

11.4 世界权威的白酒类评分体系

GR：官荣评分体系，5 分值，针对中国白酒进行品评。

11.5 世界权威的综合酒类评分体系

RP：Robert Parker 的缩写，由美国品酒作家罗伯特·帕克及其团队创立于 1978 年，总分为 100 分。帕克主编的《葡萄酒倡导家》（Wine Advocate）杂志，在过去的 40 多年里，主宰了很多世界顶级名庄的上升路线，风头无二。

2012 年，帕克宣布辞去《葡萄酒倡导家》主编职位，并出售部分股份。2016 年，《葡萄酒倡导家》主编丽莎（Lisa）陷入日本清酒"买分丑闻"，影响了曾经的帕克光环。2019 年，RP 及《葡萄酒倡导家》体系被米其林集团全面收购。

WL：Wine Life 的缩写，由中国品酒作家酒百合（本名李丽）及其团队创立于 2005 年，总分为 100 分。在过去的十几年里，酒百合团队实地考察了全球 30 个国家超过 5 000 个酒庄。酒百合团队用真知灼见著书立说，出版《世界百大葡萄酒庄品游及评分大全》，打开了世界美酒新时代的新格局，得到国内外众多专家和庄主的好评。

WL 评分的基础分为 50 分，计分包括"色"5 分，"香"10 分，"味"15 分、"真（真材实料，真心实意）、善（与人为善，上善若水）、美（羊大为美，各美其美，美美与共）"20 分。

按照总分分级：51～60 分为下品，61～70 分为凡品，71～80 分为中品，81～90 分为精品，91～95 分为上品，96～100 分为极品。

WL 六品体系具体如下：

表 11-2　WL 六品体系

分值	评级	评价	描述
96～100 分	极品（Extraordinary）	极具投资和收藏价值	匠心之作，酒格庞大，能完美呈现酒庄及酿酒师的风土人文特色，表现超出你的期待，有超凡脱俗的明星气质，令人流连忘返，浮想联翩，能激发灵感和创造力
91～95 分	上品（Outstanding）	有投资和收藏价值	风土特征和风味强度鲜明，酒体平衡，层次丰富，极其美味，给予人美好的想象空间
81～90 分	精品（Highly Recommended）	推荐享受	风土特征和风味强度明显，酒体较为平衡，能带来感官上的愉悦享受
71～80 分	中品（Average）	推荐消费	有一定风土特征和风味强度，易于饮用，但回味不长，缺乏个性
61～70 分	凡品（Acceptable）	简单消费	无明显缺陷，但表现平平，比如香气匮乏、酒体疲沓、口感单薄
51～60 分	下品（Unacceptable）	不建议购买	有明显缺陷，口感粗糙，口味浑浊